对我来说，全力以赴投入每个阶段想
做的事，那才是真正的平衡。

想着要取舍，就一定有
埋怨。

一个人吃一盘菜，和四个人分着吃，
那滋味是完全不一样的。

学会被爱，更懂得爱人。

有容乃大。
当我的心可以这么大的时候，
原来大家是会佩服我的。

永远和自己站在一起。

事物的价值，在于故事。

有能力挣钱，才能为自己做决定。

事实上，与其说我别具慧眼，能找到完美的员工，不如说我有成人之美的本事，总能帮助员工成为千里马。

不吃素是一种选择，不吃荤是一种态度。
人生在世，难得有机会像 Amy 一样，
在不断蜕变中一再为自己清晰定位。
大胆坦诚地面对自己的脆弱与坚强。
追求的不一定是完美，却是一种真实的存在。
而能够热情积极的用各种方法把一路走来的喜悦发现和实在体验
身教言传与众分享，就是恩赐的天分与幸福的本源。

——欧阳应霁

s u c c e s s

HAPPINESS

活过来，你可以

李雪柏
（Amy Li）
著

中国青年出版社

图书在版编目（CIP）数据

活过来，你可以：比成功更重要的是幸福 / 李雪柏 著 .
-- 北京：中国青年出版社，2015.12
ISBN：978-7-5153-4004-3

I. ①活… II. ①李… III. ①女性 - 成功心理
- 通俗读物 IV. ① B848.4-49

中国版本图书馆 CIP 数据核字（2015）第 297676 号

活过来，你可以：比成功更重要的是幸福

作　　者：李雪柏 / 著
责任编辑：吕　娜 叶　青
特约策划：廖翊君

出版发行：中国青年出版社
经　　销：新华书店
印　　刷：北京中科印刷有限公司
开　　本：880×1230 1/32 开
版　　次：2015 年 12 月北京第 1 版 2015 年 12 月北京第 1 次印刷
印　　张：9.25
字　　数：150 千字
定　　价：38.00 元

中国青年出版社 网址：www.cyp.com.cn
地址：北京市东城区东四 12 条 21 号
电话：010-57350346（编辑部）；010-57350370（门市）

平静从我开始……

在阅读中疗愈·在疗愈中成长

READING & HEALING & GROWING

目　录
Contents

推荐序

活出生命的意义 /

周海伦

企鹅兰登书屋北亚区董事总经理

几年前，美国企鹅出版了伊丽莎白·吉尔伯特的成名作《一辈子做女孩》（Eat, Pray, Love）。那本书在全世界都很畅销，当然也包括中国。这本书讲述了一个女人曾经找寻成功的生命方式，但最终以失败告终；于是她踏上了一段很长的身心之旅的故事。

我已认识 Amy 多年，我看到了 Amy 在她的生活之中一直不断地改变与发展。当《一辈子做女孩》最广为人知的时候，我记得我曾经与 Amy 在一次谈话中谈及到，如果把她的亲身经历记录下来的话，那简直是完美的《一辈子做女孩》中国版。在许多方面来看，Amy 的故事在中国各地都在不断地上演——人们先是追求物质的成功与财富，然后开始找寻更大的满足感，并且发现在他们的生命之中，最重要的事情不再只是拥有多少财产，而是要赋予这个生命一定的意义与使命。我坚信，Amy 对自我的内在探索将会为中国的读者带来新的灵感，我深信她的书就是在与所有的读者直接交流并且一定会引发他们的共鸣。

推荐序

永不停歇的灵魂 /

陈愉

中国流行文化媒体创作者

我和 Amy 相识在 2012 年的 7 月，这还多亏了各自亲爱的先生介绍。记得第一次见面的晚上，北京疯狂地下着瓢泼大雨，道路上满是积水。出租车司机几度要掉头回去，我们则努力说服他继续向前。终于，他停在了“苏苏会”所在的巷子口。“你们要去的地方就在这儿附近！”师傅大喊，让我们立刻下车。

我们跳下车，趟着几乎及膝深的水，沿着小巷子走向“苏苏会”。那时候我心想：“这两人最好值得一见！否则我可就白搭上我这双鞋了！”

然而，正是那天晚上，连接了我和我先生 Dave（戴夫），Amy 和小乔未来亲密的友谊。.

作为 CEO 猎头专业人士，我认为作为一家火爆餐厅的经营者，她的能力跨度不仅要相当大且需要综合的知识技能。这人不仅需要具备创造传统经典美食的内在能力，能够设计一个美妙的就餐环境，要让每一位到店的客人感到温馨，受到关注。同时，外在也要拥有卓越的商业技能，有能力打理生意并且让其蓬勃发展。

很少有人擅长所有技能，只要看看每年都在变化的餐饮界就知道了，有的店只是昙花一现。而在这纷繁复杂的世界里，Amy 和小乔，却能持续发展着他们的小小的餐饮王国。

我发现，Amy 成功的根源除了运用了她擅长的教练、培训等专业技术外，最核心的精神在于她将灵魂投入到她所努力经营的每项事业。Amy 可以那么满怀喜悦地照顾他人，并且帮助人们活出他们最好的自己。每次相约，我总是很期待和她度过的每一个时刻，因为我知道，那将会是充满笑声与收获的珍贵时光。

有人说："若你愿意和某个人共度一晚时光，你才会去读她的书。"我总是那么享受和Amy相处的时间，所以我也愿意将此书推荐给你！

推荐序

撞击心灵的回音 /

张德芬

身心灵作家

在我脑海里，也许早早就为亲爱的 Amy 准备好了这篇推荐序。因为这实在是一段太值得我们去深深体会的经历。而 Amy 也实在是一个充满传奇色彩却又幸福的小女人。

作为多年好友，书中有些故事我早已了解，可再次听来却一样牢牢抓住我的内心。同样作为女人，我自问可以勇敢面对相同的经历吗？可惜我并不是她，也许我永远无法回答，可是这本书却可以深深叩响我心灵那扇门。那扇我们扪心自问的门：我够坚强吗？我能做到吗？我够努力吗？这一切值得吗？

也许在他人看来，这不过是几家成功餐厅的创业心经，而在于我看来，这是 Amy 为人处世的修行之路，而这一路并不轻松。值得高兴的是，她也向我和读者们分享了她“修行”途中并不轻松的那一部分，我想这并不是每一个所谓成功人士都能做到的。毕竟只有极少数人，愿意剖开自己的伤口、重复说着自己走错的路，以此予人警醒。向人所谓敞开真实的内心，也就是做到像她这样了。内心真实而不做作，这也是她为什么能够广交朋友获得真心的原因吧。“用心经营的人脉”才可以最终成为助她成功的关键。

都说感情与事业无法兼得，身边也有许多这样令人扼腕的不完美。所以我很高兴 Amy 能有如此完美的亲密关系，而这一切也是她自己用心经营而来的。女人的幸福掌握在自己手里，这才是作为聪明女人应该明白的最重要的道理之一。勇于走出错误的过去，活在当下，不就是我们最推崇的生活状态吗？

Amy 的餐厅也和你的生活一样越来越精彩了，当听到别人向我提到“苏苏会”或者“喜悦泰”的时候，我会心一笑说：那可是我好朋友开的！“一个人吃一道菜，和四个人分着吃的感觉是不一样的。”Amy 也终于有时间好好坐下来吃饭了，而作为朋友，我们也终于有了几家能够定时落脚聚会的地方。

夫复何求。

自 序

一辈子的修炼 /

第一次去印度修行的时候，有一天黄昏时分，我坐在一棵巨竹下，透过竹叶，凝望天空。旁边坐着一位看着一本厚厚大书的印度同学，我知道他是一个做软件生意的商人。我好奇地问他，那本书这么厚，是本什么书。他说是一本哲学书。我问他为什么读，他确定地回答："我下辈子是个哲学家，这辈子就得准备了。你知道你下辈子是干什么的吗？"我哑然，"我下辈子就做这棵竹子上的叶子吧，多自在！"他摇头："不不，你会给一万个人讲课的，你会是个分享者。"当我在写这个自序时，恍惚间以为自己已经穿越了。不知身在何处！

跟大家分享一下"我是谁"。在书中，你看到所有人对我的称谓就是"Amy"那些人和事都是"Amy"的周围的家人、朋友、同事，以及"Amy"所做的、所思，而 Amy 是谁？我非常喜欢爸爸给我起的名字"雪柏"，知道爸妈期待我能够坚强、高洁。可是，在 1997 年我 25 岁时，结束了我的第一段婚姻，离开了在军队院校里那个可以一辈子都稳定的英文老师工作，一个人在深冬时节来到北京，开始了全新的职业生涯，以及新的生活。记得自己那时常常独自站在长安街上，看着路旁楼里的灯光，我觉得自己无比得孤独、迷茫。从那一年起，我周围的同事朋友就只称呼我"Amy"了。当时选择这个名字一来是因为这是最简单的名字，二来是因为我想来到这个没有认识人的世界里，应该有个新的身份。

其实在新名字下的我还是那个出生在河北潮白河畔的小村庄的我。后来爸爸把全家带到了小城市，曾经一直活在安逸满足的小小世界的我。这个换了名字的"我"逐渐地适应并努力地融入新的地方，新的人群。1997 年，我是"打工妹"，虽然没有当时流传的"北漂"一族的艰辛，非常幸运，来到北京第一份正式的工作就在当时中国最顶尖的酒店里，但我确实是"披星戴月"地辛勤工作。倒不是为了出人头地，混出个什么模样，只不过是除了每天让无尽的工作填满自己之外，我确实没有什么其他可做的。从这一年起，我无忧无虑快乐的生活彻底结束了。现在回想起来，那随后的五六年间，我尝试了几个有挑战也好玩的工作，从有名望的杂志到高端的房地产，都取得了很好的成绩，学到很多做人做事的方法。同时收获了“行万里路”的见识。更重要的是认识了一大堆有才华、有爱的朋友，他们现在或是我的合伙人，或是我的蜜友。还有就是遇到我的爱人“小乔”。回顾那段时期，我除了工作上还有和知心好友在一起有些许开心之外，大多数时间，我的心还是浸泡在痛苦抑郁与空虚里。

对于我这个相貌平平、资质中上、无特殊才能的人来说，在事业上做到这个地步已经相当不错了。我暗自庆幸自己是个“幸运的傻瓜”。人前人后，我从来没有抱怨工作太多、太辛苦，因为我自认为我做得远远不够，可是领导却给予我这么大的肯定与认可。我两年一个工作，而且是跨界的，总是在初创难关之后，从未尝过丰收的果实，就离开那个曾经呕心沥血的岗位。我给自己的理由是“够了”，其实是怕守业时，人们不再需要我，而我也不再有价值。可能是被那次离婚留给我的“被抛弃”的经验吓坏了，我在“分手”

之前，自己先离开了，一次又一次。我在书中分享了一些我通过学习，反省自己固有的心智模式与低的自我价值感的经历。如果生命重新来过，也许类似的故事与情景会发生，也许我不再是那个“逃兵”，而是更深刻地体验每一个过程。

到了 2003 年，我（Amy）和 Jonathan（小乔）结婚了。我们发邀请的时候，朋友们就笑说：你们到底谁是中国人，谁是外国人？！小乔是个美国人，羞涩、内敛、朴素、厚道，是个热爱中国文化历史政治的中国通（虽然他现在坚持说自己一直没通）。而我，特别是成了 Amy 后，除了热情、坚强之外，还张扬、霸道、强势、直接，还假装自信、骄傲。虽然依旧热心，体贴，但争强好胜、挑剔苛刻成了我的主旋律。那个曾经甜美、柔和的我离我越来越远。小乔当时说我是“白天与黑夜”两个极端的组合。在走上心灵成长道路之前，陷在其中的那个我，可真是受苦了。也感谢小乔不离不弃，在我处于情绪的漩涡不能自拔时，或不是真正的我的时候，总是说：“Amy，你是个特别棒，特别好的人。我了解你。”若不是后来的学习、成长，我猜我一定会傻乎乎地丢掉了小乔这个珍宝。在写这本书时，记起那时的点滴往事，我还会流眼泪。我猜我在书中提到“爱三年”的练习，彻底改变了我的“爱情观”。知道爱情原来是来自自己内心的“接纳”与“尊重”。直到现在，我们依旧可以彼此信任、支持、真诚欣赏。这种感觉真好！

与小乔结婚前，我幻想如果我能够嫁出去，那么生命就会有了依靠，心可以安定下来，我也许就不会再有内心孤独的痛苦，也不用再用辛劳来弥补空虚的心。事实上，我嫁得还不错，可婚姻并不是治疗内心的药。我依旧时时挣扎于无明的痛苦与失望中，有对他人的，更多的是对自己的。当这个期待破碎后，我对生活增添了更多的不耐烦。在 2003 年，我愈发无法集中精力工作，人陷入莫名的惶恐之中，我想我可能要“露馅”了，全世界的人都会发现其实我一文不值了。所以我又一次逃离了。这次是做自由职业者，再一次隐姓埋名，远远离开我以前熟悉的朋友圈，又开始建立了一个新的领域。

我发现我的生命轨迹很有意思，我一次一次逃离开原来让我感到痛苦的地方，总是幻想着进入一个新的工作地方后，一切就会自动变得如意了，如同跳进一个美丽的肥皂泡，很快，泡沫破裂，我还是会掉到一个愈发痛苦的漩涡里。而这一次也是如此。不久之后，2005 年，我就开始萎靡、抑郁，这次成了一个结了婚，做了自己想做的事，但依旧不快乐的女人。而那时候，在中国，心理学的还未达到现在的发展水平，人们会被划分为“正常人”或者是“疯子”。我肯定没有疯，但却什么都不对劲，完全吊在空中。感谢李思坤那时开办了一个培训机构，让我第一次走进了心灵成长的课堂里，而那之后，一发不可收拾，天南地北。那时的我就像干涸已久的田地一样，拼命地吸纳着内在世界的一切。在无数次的释放、自省、静心之后，我慢慢地沉入到了一个宁静的空间里——温暖、辽阔、清明。而我自己也越来越快乐、包容、淡定、自信。我突然发现我很爱这个世界，而这个世界也有太多的美好。我周围的人都是那么爱我、支持我。

以前那个悲凉、孤独、痛苦的世界消失了，在我周围置换了一个崭新的欣欣向荣的新世界。

当这个轻松、自然、快乐的 Amy 重新活过来，我的内心突然涌动着要做事的激情。2009 年，我在博客中郑重地写下了在我生命消失前要完成的十二件事，例如我想拥有美好的越南餐厅，一间十分美味的泰国餐厅，有一个咖啡与芬芳弥漫的书吧，还有写一本书……当这本书出版后，我能够努力做到的，基本都做了，还有那些还没做到的，不由我定，都是老天爷要决定的。其实我在做自由职业者的时候，就开始“创业”了，那时候，经营着一间小小的酒吧，时不时地接一些培训或者教练的“活”，只不过漫不经心，很随意。那时我周围的朋友常常打趣我：“看你以前给老板打工的时候，干得多起劲，怎么给自己做就懒洋洋的呢？”，我只是兴趣索然。如果没有人给我个指标，我天生就是个自由散漫，随遇而安的人。我猜想我骨子里绝对不是一个“创业”“干大事”的料，以前在老板们大平台上能发挥热量，真的是借了光的。要是我自己的，只要“还好”就好！如果还要对朋友负责，我就会多做一些。所以，就有了我在书里面提到与合伙人共创的“苏苏会”与“喜悦泰”为何是“小而美”的；为什么是许多合伙人在一起的；为何没有那么“专业餐饮化”；为什么不炒作也有“铁粉”的；还有就是为何会经营一间“盈利无望”的彩虹书吧……除了做事、赚钱之外，我想我最开心的是，在这些事情里，我享受着我自己的，小乔的还有我的伙伴们以及团队一起的共同创造的过程，还有就是那些美好事物带来的意义。

以前有个俗语说："女人四十豆腐渣"，可是我发现我的身上出现了"逆生长"的状况。我依旧保持高昂的工作激情、好奇、学习，甚至还时不时呆萌一下。今年还考取了纽约哥伦比亚大学，我大约在45岁的时候就会拿到硕士学位，然后我还会读博士，我希望能够在50岁时在大学申请一个教授的职位，把余年奉献到临终关怀的事业上。到那时我想我的人生真的是圆满收官了，我的职业生涯也将会始于教师，也止于教师。这将是我一生的事业追求。

德芬老师是我的好朋友，每当我跟她分享我又做了什么，或者准备做什么。她就笑："Amy，你是不是每天48小时呀！"我就傻乎乎地想，要真有48小时就好了。40岁之后，我心虽然年轻，可是我也看到我的心智越来越成熟。感谢我的家人、合伙人、团队他们的支持与爱，让我的生活较少有纠结，免于将生命浪费在干扰情绪之中，日子过得舒心、惬意、幸福，然后我把充分的时间放在事业与创业之上。也许正因为此，我就能够同时做了许多事吧！再加上我每天提醒自己认真地做每一件事，让自己百分之百地尽自己最大的努力，还有和谐的人际关系。在这个物质世界中，不经意间居然搭建了一个小小的却能展示我内心世界的系统。虽然这个系统还有许多可以完善提升的地方，但我已经足够感恩。

我有很多朋友是自媒体的大腕，我好羡慕他们的才华与展现。我看看我手中拥有的也真的是丰盛无比。我非常愿意和大家一起分享我的心得体会。多年前，我请 MOMO（沫沫）做我的写作教练，她让我写了一段话，再让我把不是从心里写的话划掉，那段话最后只剩下两句。她说："除了这两句，别的都是废话。"我从那时起，开始讲"真心话"练习。我尽我所能，让你在这本书中看到的都是我发自内心真诚的分享。我的好朋友善意地提醒我"厚积而薄发"，而我想，有了就要分享。我真心希望那些如我一般平凡的朋友们可以在生命的洪流中，找到自己，爱上自己，表达自己。我们可以"入世修行"，不仅内在成长，同时拥有物质的丰盛与事业的成功。让自己的这段生命旅程卓尔不凡。

PART 1

你的用钱方式，关系到你的世界 /

Chapter 1.

/ 懂得用钱，是一生财富的起点

我是标准的 70 后的一代，出生在一个不到 200 人的小村庄，整个村子都是静悄悄的。街坊四邻很友好，大家没有贫富差别。但日子过得是否富裕，就要看这个当家人了。在我父母的影响下，我很早就了解到：懂得用钱，才能让钱变的更有效。

到了今天我开始自己做生意了，其实自己投资用钱、分享的方式也要归功于我“精打细算”过日子的母亲。她教会我：“懂得用钱，让钱变得有效”，而我的“慷慨分子”绝对是来自于这个大家族当“大哥”的父亲。

我一直相信，金钱观也就是世界观，一个人与钱的关系，就是他与世界的关系；而这一切的起点，都来自于个人的成长背景。

人对钱的看法，体现着他的家庭教养，我也不例外，母亲给我的第一个金钱观念，就是“不能借钱”。

信用无价，绝不欠钱

记得大约小学两三年级那时候，电视机还不普及，但我们家里有；每周四，小卖部里会售卖“广播电视报”，那上头会刊登几点钟有什么节目，大家都抢着买，我也不例外。

一份电视报要一毛钱，可哪天我如果忘了带这一毛钱，我就会去借其他小朋友的钱。妈妈知道了，就告诉我：

“不要去借别人的钱，如果必须要借，你就多借点，一次借足一块钱或十块钱。因为借个一毛两毛，钱太少了，你就会忘掉了。”借钱也许事小，但借钱不还，就是很大的事，妈妈的叮咛，从此成为我的心锚。

所以，后来我一直特别怕借钱，有时候要打车，却忘了带钱，我总会特别紧张，明明只需要十几块钱，却问身边的朋友：“你能给我100元或200元吗？”一次借足大面额的钱，就为了怕自己忘事。

日后从事投资，我也不改其志，总有人问“为什么你的餐厅找那么多合伙人呢？”其实没有太复杂的原因，除了习惯了“好事大家分享”的想法，就是不想向银行贷款而已。（不过这个真的也局限于我们所说的“小而美”了。）

除了不能借钱，从小，母亲还老告诉我：“钱是你自己攒出来的。”这个攒的意思是精打细算、化零为整。这便是她以身作则，教会我的第二个金钱智慧：钱是用出来的，而不是省出来的。

省钱是基础，如何用钱才是智慧

我以前一直不太明白，妈妈是怎么做到的？她是一位会计，家里收入不算多，靠着精打细算的功夫，她就能让一家人能过着“不穷”的日子。

妈妈的许多决定，背后总有一番道理。就拿穿着来说吧，当我还是小女孩的时候，看到地摊货，比如一件十几块钱的T恤，总会跃跃欲试，乐得说：“多好看呀，又便宜。”妈妈听见了，总会告诉我：“是挺好看，但是洗完以后就没有了，因为料子不好嘛，但十几块不是钱吗？”

“如果我是你，我会把买十件地摊货的钱，拿来买一件最好的，我可以穿十年，而且这十年当中，每次穿，都还很喜欢它。”

买一件T恤衫也能买到长远的价值，比起乱买便宜货，这无疑才是真正的节约。妈妈有很多生活中历练而来的智慧，她从不一味追求省，也不认为非要用钱才能解决问题。

小时候家里没有熨斗，但是我们的衣服从来没有折痕，妈妈懂得要把洗好的衣服完全抖开了再晾，会把每一个褶皱抚平，因此我们家的孩子总是看起来特别干净整齐。我们家并不富有，可是一家人从不穿带有补丁，或是皱巴巴的衣服，“做人尊严是很重要的，不能让人轻看了你。”妈妈总这么告诫着。

穿衣服其实是一种自我的展现，妈妈的叮咛无形中让我明白了这种隐喻。许多人在意自己美不美、是否有钱，我却很早就明白，尊严与态度才是关乎形象的头等大事。

从小，如果我特别喜欢哪个东西，为了买到它，我可以连饭钱都省下来。妈妈就会说：“如果必须这样，那你就不要买它了，因为那是额外的。”当我懂得哪些是“应该花的钱”哪些是“额外的”，我投资的决定就容易做了，大家都说我是个果断的人，其实我不过是小的时候就被母亲“训练”了：钱要用在刀刃上。

尊严，是最该拥有的奢侈品

不要去追求“不是你的，你也得不到”的东西，就可以很有尊严地活着。我从没在物质或权势面前矮下身子，妥协掉自己的尊严，一切量力而行，不“打肿脸充胖子”，在我以后的人生中，虚荣从来不是我的课题。这实在要感谢母亲潜移默化的影响。

母亲还让我明白，永远要为自己挣钱的能力感到骄傲与感激！

我上大学的时候，念的是师范学院，学校每个月补贴每位学生生活费60元，所以我不需要买饭票。那时候，我爸妈一个月的工资也就200多块钱，他们一个月还给我100块钱生活费。

念书时我兼职当家教，一个月能赚80块钱，林林总总加起来，我一个月能有200多块零用钱，比妈妈一个月的工资还高，现在看来我那时真是很富啊。

当时爸爸原本有意停止给我零用钱，他告诉妈妈，说我已经自己挣钱了，又有学校发的钱，他们若再给我生活费，肯定会把我宠坏，我会乱花钱。但是妈妈不这么想。

“没有孩子会因为钱多而变坏了，她自己利用课余时间挣80块钱是她的本事，这是因为她努力，不应该因为她有80块的家教钱，我们就不给她生活费，这本来是我们做父母的应该给的。这是两回事。”

妈妈说：“就是要让她花自己的钱花的高兴。”所以我从来没有觉得钱很难赚，或者钱是大问题，因为打从18岁开始，我就知道努力可以带来额外的奖赏。打从那时起，我一直在感受自己努力挣钱的快乐与成就感。

有能力赚钱，才能为自己做决定

念大学的时候，我常常用赚的钱来满足自己，觉得自己很有本事，买衣服就要买最漂亮的、料子特别好的；常常化妆；买一大堆娃娃；大家要在一起吃饭，我还特别慷慨地抢着买单，“因为我有钱嘛”。

“认为自己有能力”这种感觉太重要了，人一定要感觉到人生的方向盘是操控在自己手里，才能真正为自己负责！

很多人明明很聪明，却总是很自卑，总是怀疑自己：“我不行啊”“我做得了吗？”因为他们对于自己与人生都有着不确定的感觉，无法在一定程度上掌控自己，这会导致他们无法做出对的决定。更可怕的是，他们会在自我挣扎与批判中浪费宝贵的时间。

进入社会之后，母亲还让我认识到何谓“财产”。

大学毕业之后，我进入军校工作，军校拿的钱比地方的工资高了许多，后来到北京工作，虽然工资的数目大了，但是含金量却大大缩水了。

为了减少开支，我原本租了一间位于地下室的房间，母亲知道了就说：“我借你钱吧，你去租个有阳光的房子，不要住地下室了。”

她还说："生活质量和你的感觉很重要。"我说："不就是睡个觉，凑合一下就完了呗，住楼上和地下室有什么区别呢？"

"不对，当你睡觉时，感觉到生活质量不一样，你白天工作的感觉也会不一样的。"她坚持让我搬，要是没钱，她便要借我。

后来我没让母亲出这笔钱。我咬咬牙，靠着自己的能力改租到二楼的房子。但是说来很有意思，搬到正常的房子以后，经济竟也没出现窘境。

以前住地下室的时候，房租比现在少了500到1000元，但是这省下的钱，也不知怎么就花掉了；搬到那个二层楼的房间以后，我的日子还是一样，没挨饿也没受苦，所以说人的生活其实是很有"弹性"的，丰俭由己。

我来北京之后，爸爸很担心，他觉得我每个月三分之一的薪酬都花在住、吃饭、交通上面，生活成本太高。可是我心理上就是特别有底气，自认"我肯定会有钱的。"妈妈也告诉他："你就让她去闯一闯，她若做这个混不下去了，还可以吃粉笔灰（当老师）。"

后来我在北京停留至今，在这里成家立业，在这里我也有了自己的天地！

欠下对的债，累积真资产

来北京两年后，房东老说“你不可以挂那个”“不能钉钉子”，听得我挺郁闷，一直嚷着“一定要找一个可以随便钉钉子的房子”，哪里知道，这话之后一年不到，我真买房子了。

大约在 1998 到 1999 年，当时我已经能一个月挣一、两万元了，但我一分钱都攒不下来，就是所谓的“月光族”，对于理财没有任何概念。原本想让母亲每个月帮我存点钱，但是她拒绝了。

“你挣钱那么辛苦，花钱也那么辛苦，这是你愿意的，我不会帮你存；现在我活着帮你存，要我不在了呢？谁帮你？”

妈妈说得我哑口无言，她给我自由的同时，也让我知道我必须为自己负起最大的责任。“你没有钱，过苦日子；你有钱，就过松快的日子；你能乱花钱，不用像我过这种紧巴巴，很节约的日子，这叫本事。”她说自己的日子，必须自己学着过。

母亲不轻易让我依赖，但当我面临重大抉择，需要听取意见的时候，她总能提出果断又睿智的见解。

当时我苦思让自己有积蓄的方法，母亲突然告诉我："要不，你买房吧。"我立刻说："怎么可能！我没有钱呀。"但我还是半信半疑地，开始寻觅起房子。

因为那时我和小乔还在谈恋爱，两人年轻人不需要太大的房子。后来看了一个近百平米的房子，我们却完全不知道怎么摆东西，怎么看都不合适。我当年还不到 30 岁，要出手买一个近百平米的房子，真是吓都吓死了！

但母亲知道了，却说："还有没有更合适的房子？我借你点钱吧，一年之内还给我，你去买最合适的。"

事实证明了母亲的远见，她当时看似太大胆的建议，让我做对了一个极重要的决定，奠定了我财富的基础。"你不是老让我给你存钱吗？现在好了，你要每个月存钱了。"

母亲说，不要以为付房贷是花钱，"这是你在存钱。"母亲的一句话扭转了我"花钱"和"存钱"的观念。原本我特别紧张，害怕自己还不了欠母亲与银行的钱，但是没想到一年之内，我就还掉了母亲借给我按揭的钱。

我不知道这一切是怎么发生的，实际上就是当我有这个压力的时候，乱花钱的时间也没有了，我也不再乱花钱，自然而然钱就有了。

“欠钱得还”的压力，也能转化为累积财产的潜力，母亲再一次教导我、帮助我辨识事物真正的价值所在。她让我明白：能赚钱，不足为奇；懂得用钱，并且懂得钱的局限与价值所在，才是迈向富有的开始。

人一定要感觉到人生的方向盘是操控在自己手里，才能真正为自己负责。

Chapter 2.

/ 买得到幸福，才是真富有

很多人都渴望致富，汲汲营营之余，有多少人想过，有钱了之后，要拿钱来做什么呢？人生不太可能只以赚钱为目的，有了钱以后又该做什么呢？

致富之前，先问自己“到底为了什么”？与其盲目求财，不如厘清想法，追求“你真正想要的钱”！这样的过程就有趣许多。

一定有很多人明白，富或穷，就像胖瘦一样，除非很极端，否则多数时候都是个“相对”而非“绝对”的概念。就拿我来说吧，我是北京城里三家餐厅的老板；在开餐厅之前，为人打工的时期，我曾是五星级饭店的总经理特助、知名杂志的运营总监，高端房地产的市场销售总监。虽不是“人上人”，好歹那个时候也是一年赚个几十万的程度。

即便如此，在亿万富翁眼中，我仍旧属于“非常穷”的那一群人。

买不到自由与幸福，这钱不要也罢

记得2005年到2006年的时候，我在国内学习心理学，当时在中国最早上这类课程的同学们，多半是年轻“新富”，他们又富又有时间，内心又有对灵性的追求。我的同学们富到什么程度呢?

买豪宅名车不算什么，他们之中，还有人跟我说过“Amy你很好看，但是你平时太不懂得保养了，我付钱，你去韩国割一下眼袋吧。”如果我真要的话，她真的愿意送我到韩国去整形！我身边的几个名牌包，也都是同学们“心疼我”而送给我的。

那些同学们特别惋惜我，常对我说：“Amy, 可惜你太穷了。”

我总是不解，觉得“你上课交钱，我也上课交钱，大家也没差什么呀，干嘛要总说我穷呢？”

后来我才弄懂，原来他们万分同情我，不完全是因为我的钱不多，而是因为我“这么聪明，可惜不富有”。当时老师讲了很多内容，同学们不理解的时候，我总得再给大家多讲解几次，他们对我的“授课水平”深感惊艳之余，惋惜起我的聪明才智。

但我真的不富有，真的很穷吗？

当时我已经离开了职场工作，开起了小酒吧。某一天我的前领导来到我的酒吧，我招呼他，给他倒咖啡，他看着我里里外外地张罗，说：“哇，你那么智慧的一个人，现在要靠双手挣钱了，能不能换个方式，靠你的脑袋挣钱？”我回他：

“你坐在那儿喝咖啡，我把咖啡端过来，咱俩的幸福是一样的。”

他愣住了，忙不迭地问：“你现在这么努力，还不如以前工资高，放着以前的事儿不干了，现在辛辛苦苦才挣不到 100 块？这是干吗呀？”我说，我有自由了呀。

对我来讲，如果金钱能够买到自由与时间的话，这个钱就值了；

但是如果金钱买不到自由、时间与幸福，多赚一个亿，跟我有什么关系？

我认识几个公司的创业者，他们真的是一周做足了七天的工作，如果让我一年赚一个亿，但必须一周工作七天，做满一年 365 天，我是不要的。我欣赏他们如此地享受创造巨大财富的过程，非常厉害，但是我不愿意为了财富，而失去自由。

这样说来，貌似我很不食人间烟火，但不是的，骨子里我仍旧是个非常敬业的生意人，特别实际，特别讲究每一桩交易、每一笔投资都得赚、都得赢，只是我想赚的钱，与别人不大一样。

与其赚钱，不如构建赚钱系统

我喜欢什么样的钱呢？与其拿钱去买一袋瓜子，简单的银货两讫，不如买一袋种子，种出来 100 株葵花，每个长出 100 颗葵花籽，我炒一盘拿去卖，剩下的继续种。

由此生生不息，便不需我时时看顾。比起赚钱，我更乐于构建一个能够自给自足，自动为我赚钱的被动收入系统。

如果能够用自己的时间与能力直接赚钱，又能够有自由支配的时间，去创造更多的被动收入，岂不更好?

经营餐厅不见得比较轻松，大家总以为我们开餐厅，一定要很有钱，其实倒也未必，我们因为只做“小而美”，所以认真计划是我们更重要的能力。经营任何餐厅，大约都要两三年后才能看见回报。

但是我喜欢餐厅的钱，因为构建好餐厅的营运系统后，店开了，我就可以退出一旁，如果这个系统还能持续地赚钱，我觉得这是金钱最大化的价值。

我不会理财，也不懂买股票，实际上也不太认同股票这种“财富”方式。其实，我自认财商不高，又看不懂那些游戏规则，我不愿意投入一场看不见摸不着又没真正参与的投资游戏。我有许多投行的朋友，他们喜欢“苏苏会”，喜欢“喜悦泰”。会提出来为我们投资，建立连锁店，甚至到最终上市，等等。我们也都一一拒绝了，原因是餐厅的钱是创造力带来的钱，非常踏实，包括员工、合伙人，等等，大家的努力和创造力都在里面。店开了之后，客人上门，也是在为了这个创造力买单，而不是为了投资效益。

我喜欢参与制定系统，但是这个系统不需要我来执行，餐厅如此，未来我希望即便是课程也能如此，我不必亲自授课，而是把我的智慧与经验凝练成一个授课系统，谁接受过一定程度的训练后，都可以讲。我只拿一定比例的收益，当有更多人购买以后，我就开始赚了，我喜欢赚这种创造力的财富。当然我希望这本书也是如此，大家读了，思考了，多少有所收获，我就觉得值得了。

当我赚到“辛苦钱”，像是讲课的钟点费，我会给自己买个东西，奖励一下，因为我觉得自己辛苦了，总得心疼自己一下，吃顿好饭，或者买个礼物送自己。

但赚到餐厅的钱，我会格外觉得宝贵，对这份钱投射更多意义，因为有我和小乔的共同努力与参与，有团队的智慧奉献。我把赚到的钱视为家庭的“幸福基金”。幸福基金，应该用在我和小乔身上，比如我们会在周六早晨去买回一车的花草；或者一起买一幅我们共同喜欢的艺术作品。

我会乱花辛苦钱，但从不会乱花幸福基金；此钱和彼钱，我分得特别清楚，绝不搞混。如果我现在或者未来要为自己投资一件事，例如我 2016 年去哥伦比亚大学进修，就绝对不会动用“过去的钱”与“现在的钱”，应该创造出新的财富，来支付未来的支出。所以我总会想办法创造出我需要的金钱。

创造力，才能带来真正的财富与安定

当我可以区分得出真正对我有意义的财富，并且可以创造出我要的财富时，随之而来的便是对财富的安全感。

2009 年后，我常常到印度去进行静心、修行之旅。在印度住一个月，即便住在特别好的地方，吃特别好的东西，一个人的花费也就是 8000 块钱左右；比我在北京的日常花费少了许多。

所以我还不如去印度过日子，如果不那么奢侈，一个月花个几千块，可能已经过得像个大富豪一样了。如果退休后，身边没有那么多钱，我也许会选择到印度生活。

到印度旅行，让我发现自己其实可以过很简单的日子，所以我对金钱不恐慌。除此之外，我对自己谋生的技能、创造的本事相当有信心。

财富是创造出来的，进入社会工作以来，我也创造过许多种财富：

销售、教英文、讲课、看店管店，等等，样样我都做出很好的成绩，但我没有迷失在这些成绩里面。

例如我只要看店，一定可以让店的营业额提升，但我不愿意每天看店；就像如果我们餐厅取消例行休假，肯定能让每个月营业额再提高不少，但是我愿不愿意让同事们不休息呢?

答案是不愿意。

也许很多人觉得我傻，可能我真的挺傻，但是生命很无常，真不知道自己明天还在不在，今天为了一万块、两万块，就得累死累活的去做，真的值得吗？我不觉得。我有个小同事的父亲病重，但当时他手上正好有个项目，我说取消吧，这几万块的收入和陪伴你父亲的宝贵时光相比太不值一提了。

当我把钱与生命的价值相比较后，我觉得我的选择是值得的也是正确的。当我能看清楚这些，那意味着对我来说，没有任何物质能构成诱惑，我从来不会因为任何小利益，妥协任何事，妥协我做人的尊严和准则。钱很重要，可是我认为更重要的是创造钱的能力，更准确一点来说，是创造价值的能力。

就以我念本科时候的英语来说吧，我会说英语，这是一项技能；但是我把英语写成一首诗，这就成为一个创造。在我只会说英语的时候，人家请我当家教，可能工资就是一小时 10 块钱；但当人家得知我会写英诗，我猜人家可能就愿意付我一小时 100 块钱了。

不断提升自己，懂得把自己的经验与体悟重新创造成一个具体的事物、一个源源不绝的系统，这就是创造价值的能力。如果创造力比金钱本身还重要，那么，金钱的重要性是什么？我认为金钱除了是货物流通的媒介，它也能体现某种程度的价值真相。

金钱不是万能，但能体现价值

以我近年成立的“彩虹书吧”为例，原本书吧是一个非营利单位，我愿意把这个地方拿出来，跟大家分享、交流，但是它渐渐成为一个鸡肋。因为它不赚钱，必须贴钱来做，贴钱的时候，我想过自己能贴多久呢？贴三年可以，每年大约贴补 20 万到 30 万元，我问自己愿意吗？我愿意，因为我认为它贡献的这个东西是值得的，在这个过程中，我也学到东西，所以愿意。

但我从另一个角度来想，如果书吧是一个好东西的话，那么多人喜欢，这个场所却无法赚到钱，这样是非常不正常的。我觉得好的东西，应该有人买单，于是我思考，是什么东西让书吧不赚钱了呢？我想到了，因为书吧欠缺系统，餐厅可以营利，是因为系统生效，书吧也应当如此，所以我就为书吧打造了一个运营系统。

从前我认为书吧只是“赔少一点”和“赔多一点”的问题，但是我认定会赔，结果就真的是赔了。但现在有了经营团队，我们开始将目标放在“赚”上面，赚多或赚少都行，重点是必须赚到钱。于是，书吧以赚到钱为目标，开发出了新的营利渠道，例如开放场地租借、授课之用、与外部一些单位合办活动，等等，目标确定了，自然就会想出很多办法。

构建出一个好的运营系统并不容易，这里头必须投注经营团队的创造力与智慧，但是一旦做到了，就可以让事业体自给自足，也为投资者与团队带来长远的财富。

Chapter 3.

/ 丰盛，是内在心灵的显化

在前面，我提到要厘清“自己究竟要追求什么”，以及“金钱是一种体现”这两个概念，在这里要更深入的来讲这两件事。

因为这两件事经常会结合在一起，互为表里，人的内心世界，会投射出他所感觉到的外在世界，无形中塑造了一个人的格局。想要得到丰盛，你必须先成为一个丰盛的人。

谈到"丰盛"，这么美好的词，肯定大家都喜欢，也都希望这个词与自己，或是自己的人生、生活画上等号，这个期待也正说明了，很少人认为自己"已经丰盛"了。

如果多数人都觉得"丰盛"是一个"还没达到，但值得追求"的人生境界，那不妨先问问自己，"我认为的丰盛是什么"？

丰盛是拥有感，而不是存款数字

对我来说，丰盛不在于钱多钱少，而是意味着有足够的运动时间、和家人在一起的时间、舒适的居住空间、好朋友、好的工作伙伴，等等，换句话说，我觉得丰盛的关键是：我的拥有感有多少？丰盛与我账户中的存款数字不直接相关，但与我的感受息息相关。

光有空余的时间，或是大量的金钱，我觉得那是很无聊的。如果有人说自己很有钱，我会问他："你有时间吗？"如果只是有钱而没有时间，我不认为他很富有，一个连自己的时间都没有的人，是很难对生活有所感觉的，当感觉都失去，当然不会是一种富有。

然而"拥有感"也是一个值得咀嚼的概念。想想看，如果你无法对现在拥有的东西感觉美好，当你拥有更多以后，感觉就会变好吗？

比如你现在就觉得自己很匮乏、很孤独，那当你拥有了10个男朋友，就会好了吗？如果你现在拥有1万元，但你觉得自己好穷哦，那让你拥有10万元，就会觉得自己够富有了吗？

很多人终其一生一直追逐，不论身边究竟有没有"钱"，总会觉得心里很空虚。大家有没有想过，其实我们要追求的那些东西，那些丰盛，可能早已存在于生活之中，只是我们不去感受它。

我觉得当下的自己就已经很丰盛了，光是凝视一朵花，几分钟的时间，就会觉得这样挺好；想到我有自己的时间，有真正的好朋友，我就觉得自己特别富有！

富有是一种资源感，不要计较你有多少财产，但要想到自己有多少资源，人脉是资源，爱情也是。好多人没有这种资源感，遇到事情只是慌，不知道自己可以好好请教身边的良师益友，也不知道亲人爱人的支持与信任就能带来强大的力量，这就是一种匮乏感。

对我来讲，内心的力量就是很大的资源，我当然也有遇到困难的时候，这种时候我会先把困难和内心的使命拿来量一量，很快地我会觉得这些困难不算什么，然后相信自己一定能找到解决之道。

有一年，我的事业也遇到很大的难关，我告诉团队伙伴，暂时不要来找我讲话，我得思考解决方法。我一静下来，立刻列出十个有能力帮助我渡过难关的朋友，当我致电到第二位的时候，问题就全部解决了。

在我眼里，世上没有解决不了的困境，人倒是常常被自己的心困住了。就拿金钱来说，当你想到“钱”这字眼，心里是感觉到纠结，觉得有好多局限？还是跃跃欲试？

人对待钱的态度，就是他对待世界的态度，金钱可以体现出人生百态，好比，钱能够显化人们重视的程度，越是昂贵的事物，越令人在乎，付出多少代价，也代表着内心的认同。

钱体现敬意，越昂贵，越在乎

比如有课程的主办方想要说服我做免费的推广，但我总说：“就算只收 10 块钱，都不能免费”。因为免费和 10 块钱，或是“随喜”之间的区别，在于“你愿不愿意”。

10 块钱只是一个小门坎，但那是一个态度，若是真有心来上课，学费是 100 或 1000 块都会来，人总有“自己非做不可”的理由。但如果课程是免费的，来听课的人实在很难有个态度，常会觉得：“反正是免费的，就听听吧。”

所以哪怕只收一块钱，也能造就学员的态度，而且往往学费越高昂，学员就越能专注在学习上。试想，如果你花了 10 万块听一天的课，错过一分钟，你就要心疼自己损失好几百块钱了，对吗？

但是如果只花 10 块钱听一天的课，你一定能说服自己：“睡一会儿吧，没事儿。”

所以到头来，一堂课的价值已经与课程本身没有关系了，这完全是跟学员自己有关系。当你愿意花钱买单，就会有个态度，就愿意专心上课，学习自然就会有效，反之亦然。

付钱的态度，足可看出人心。这一点，和我一样做生意的朋友，一定也是点滴在心头，付钱给你并且谢谢你的客人，是认真经营生意者最大的收获。

2006 年，有个朋友去我的小酒吧里喝饮料，他坚持不让我请客，一定要付我 20 块的可乐钱，我开玩笑说：“你这是瞧不起我呢”，没想到他竟特别严肃地告诉我：

“你有20块，我也有20块，我也知道你的可乐成本可能只有2块钱。但这是你的生意，这20块钱里有你员工的工资，有你对场内的营造，有你的智慧，我是为了这些在买单。请你允许我付这 20 块来尊重你们。”

这真是太高尚了，我特别感动，也感谢这位朋友，教会我要如何“尊重”商品成本之外的价值，他是很真诚地来当我店里的客人，其实不是每个“朋友”都会如此。

以爱之名行剥削之实，这种朋友不要也罢

有些认识的人想说到我店里来吃饭，跟我说“不打折我不去”，我也许会理解为：“原来你不是欣赏我们的创造，不是为了鼓励我，而是想要便宜呀。”但是，我也很感激一些捧场的朋友，他们很多人是付完账才说：“其实我是你们老板 Amy 的好朋友。”有时他们还会晒在朋友圈，为我宣传，也以我为傲。

这个道理也等同于朋友借钱，如果有个朋友向我借了 1 万元，我一定会表明他必须得还。有人可能会嚷嚷：“连朋友你都不要啦”，但是如果借钱不还，那我要那些不讲诚信的朋友干吗？借钱不还的朋友，要有 100 个的话，我岂不遭殃了？！

身为一个餐厅经营者，这个人情世故务必想清楚了，来店里的人都是“客人”，客人上门为的不是要你请他吃饭，而是因为他喜欢你的店，爱你所以才来，才付钱给你。若是看见朋友上门，就自我贬抑，觉得“哎呀，他竟然给我这么大的面子”，那日后就很难做生意了。

一个成天让朋友免费吃饭的老板，不仅是不尊重自己，也是不尊重整个餐厅团队，想想看，不付钱还占了一桌，这不是让员工白忙吗？员工一定认为你最好别来店里了。

从付钱的态度，可以看到一个人的格局。

占人便宜者，人恒占之

我担任过一个课程的辅导，学员可以在课后打电话向我咨询，半小时为限。有个人和我讲了半小时电话之后，说“Amy 我还有个问题”，我先阻止他往下讲，反问他是否满意我刚才给他的回答，他说非常满意。

我继续说："咱们时间已经结束了，再问问题的话，你要给我付钱的，我就报价。"他就嚷起来了，说："你怎么能这样呀，咱们那么好的关系。"我说："关系是关系，亲兄弟还明算账呢。"

他非常不能接受我的声明，但我接着说："现在还有时间，我愿意回答你的问题，而且你的问题很有价值，可是我要提醒你，我其实原则上没有任何义务回答你问题。"

他回："你当然有义务，你是这个课的辅导。"我说我的义务其实在课程结束的时候就已经结束了，现在是额外做的。我还问他："你觉得我的服务有价值吗？"他说特别有价值，我接着问："但是你不愿意买吧？"

他说："对，我不想花这个钱。"

当我听到他这么说，一切已经了然于心。我说：

"你刚刚咨询的问题，你对别人服务的项目，你也一直都没能把钱收进来对不对？"

“我猜这个团队领导，也会对你说：‘你的课真有价值，但是我不给你钱。’”

他愣住了，直说：“你怎么知道？”我说：“你对我的态度，就是你对这个项目的态度，别人对你也是这样的，或者，你就是让别人这样对待你的始作俑者。”

我直接了当对他做出结论：

“没有一个客户会对我说‘Amy你的课特有价值，但我不给你钱’，没有一个客户会这样对待我，为什么你就遇到了呢？”

“我不会让任何人这样利用我的。”

占人便宜者，人恒占之。当一个人存心要占人便宜，他的心态与想法，也会引发别人来占他便宜。反过来说，如果你希望别人对你好，那么就先从自己做起，也对别人好吧，你想要的丰盛，你必须先要舍。

Chapter 4.

/ 事物的价值，在于故事

我常常遇到年轻的创业家对我发问，其中有一类问题非常典型，那就是“要卖多少钱？人家才愿意买？”

他们不知道如何给自己的产品定价，这个问题其实直指人生，不是只有创业的人才该问，我认为其他人也该问问自己“我值多少钱？”

很多生意人不知道如何为商品定价，我认为这是因为他们不明白自己的价值。实际上，价格与成交的关系很小，价值，才能决定一桩生意是否能成交、能否赚到钱。

一杯 80 元的咖啡，会不会太贵?

我曾遇过一个叫作 Laura（劳拉）的女孩，问了一个问题，她说：

“我做的手冲咖啡质量特别好，但是一杯卖 80 块钱，价格太高没有人要，我是要坚持呢？还是不坚持？”

她认为问题是“价格太高”，因为卖得太贵，所以才卖不出去。但是全世界比 80 块钱更贵的东西多的是，像爱马仕（HERMES），30 万元一个包，限量 300 个，人家还排队呢。光是北京就能找到不只 300 个心甘情愿排队要买的人，爱马仕就有本事这样做。

一杯咖啡卖 80 块钱，全北京人都喝不起吗？我想，随便一栋写字楼里都至少有 100 个人消费得起，可以喝这 80 块钱的咖啡。

但是，人家为了什么喝一杯咖啡要花 80 块钱?

如果让某位名人来冲这杯咖啡，我看再贵都有人要买！附加在事物本质之上的价值，老板有没有做到？一杯 80 块钱的咖啡，有没有故事？让客人觉得：“哇，我今天才花了 80 块钱，却大有收获！”

客人喝的不是咖啡，他喝的是故事。我认为这才是关键点。

所以价格只是一个体现，价值才是核心。任何商品，定任何价格都有人要买，每个人都有自己花钱的理由，那是客人的理由，而不是老板的理由，但是很多老板总是迷失在自己的理由里，故步自封。

在我们的越南菜餐厅“苏苏会”里有一道菜“姜公吕望烤鱼”，那是一大盘烤鱼放在茴香叶上，端上桌时，颇为壮观，烤鱼以微火加热，香气四溢；接着服务生还会为客人服务，示范把烤鱼沾上十个小时熬制的鱼骨酱料，与生香菜、生薄荷、熟米线、熟茴香、炸虾片、花生米等许多配料搅拌妥当。

当客人闻到烤鱼的香气，又看见漂亮又多样的配料，还有服务生殷勤又亲切的桌边服务，心情已经大好，觉得这菜特别好玩，充满期待。等到入口，嘴里尝到多层次、多种味觉的口感，对这道菜的评价已经爆表了！

这道烤鱼原本是越南河内的街边菜，去河内旅行，只要花几十块钱就能吃到，来到“苏苏会”吃这盘菜，却要花 100 多块钱，此物和彼物内容差不多，而我们为了实现这盘菜最大化的价值，做了如上的设计，包括菜料陈列、香气、桌边服务、碗盘配置等等，甚至“苏苏会”的整体空间氛围，也是衬托这道菜价值的一个重要环节。

所以“定价”这是一个综合的结果，绝不是菜料本身的问题。咖啡也是，一杯 80 元的咖啡，你要让客人买到什么？如果只是咖啡，那客人回家自己手冲不是更划算？

昂贵的是认同，而不是价格

这个道理，一通百通，卖任何东西，原料成本是一个非常简单的概念，但是“价值”就关系到方方面面，如果你够明白，就能定出一个合适的价格。

客人愿意付钱的理由是什么？这跟人的需求层次很有关系，每一次的消费，大家都想从这里头去印证“我是谁？”“我值多少钱？”那是一种身份认同。

比如很多人到“苏苏会”去，会特别自觉：“我是文艺青年”，对艺术美感有追求，对于北京这种小巷深处的宁静与独特感有追求。“因为我是这样的人，所以我要去那里吃饭”，到什么餐厅吃饭，已经和自我气质认同联系在一起了。

当进到一间引起我们认同感的餐厅，菜端上来，吃到我们要的口味，已经不太会去计较价格，或者就算价格贵一些，也愿意买单，因为“我是值钱的”“我也是很有鉴赏能力的”，所以我愿意付这个钱。

一件商品值多少钱，这是非常主观的，当你喜欢它，无价！当你不喜欢它：“哎，这什么呀！”是不是？

所以看待一桩交易，我不会只看它的数字，而是看后面一整个“背景”，有多少条故事线，链接成一个价值的感受面。我愿意为一个五星级饭店的服务买单，因为饭店整体的环境，还有人员的细腻服务值这个价钱，但是，有时候为了果腹，吃一碗 10 块钱的桂林米粉，我也很高兴，我给它的价值定义就是：我要吃饱饭。

定价这回事就是如此，问题不在于客人是否付得起，而是老板有没有对合适的人说对故事。

换个角度来谈这个问题，我们该如何呈现自己的价值？

当人家认可的时候，就说明我们做得还不错；当很多人说不值，那就说明我们太高估自己，所以要重新打磨一下，重新做一个样子。

这是一个不断投石问路的过程。一件事或是整体的生意，或是我们的人生，要实践多少价值？实践了之后还得维持，甚至提升，那才叫作“成长”，那是一生的事，说是修行也不为过。

去年我加入了一个创业家的组织，我以前都不知道自己是个创业家，对此毫无概念。加入之后，我才渐渐有这种自觉，才发现，原来我有一个社会责任，是要让所有员工都赚到钱，并且有所发展。

身为一个创业家，做生意不是只求“差不多就行了”，员工把青春奉献于此，他在这儿努力，他也要成长。很多人还没到这个觉悟的时候，只把工作当成换取薪资的方式，觉得学到一点东西，付出了劳动力，也赚到了工资，生活只要这样就好。

也许是我给自己的自我定位是老师的缘故，我总在思考，同事们也花了许多时间在工作，我能为他们多做点什么？让这些员工多赚点，不只是工资提升，同时让自我价值也得以提升。

我思考员工的给薪标准，是这个问题最好的答案。

给薪三标准，也是自我提升三境界

我看待员工有三个标准：基本职业要求、能力与潜能。

最基本的是职业要求，例如作为一个老师，基本的心态与条件可能是敬业、愿意付出、口齿清晰、掌握教学内容，等等，这些是做这一行的基本条件，如果没有这些，那你也甭来了。

基本条件到了，代表你可以做这个工作，在我的餐厅里，员工最基本的起薪就是 2000-3000 元。

在具备了“职业”的基本条件上，接下来能够促使我加薪的，就要看员工展现出的“能力”了。

比如，面试时，我发现他英语特别好，能够在接听电话时，与客人应对流利，因为这项英语能力，我会再加一档；他的笑容如果又特别的灿烂，为了这个天使笑容，我认为值得再加一档。所以这个人第一天来上班，我就会给他定出一个符合他能力的工资。

接下来他如果还说：“Amy 姐，我想当一个厨师。”我问：“你不是服务生当得很好吗？”他说：“不不不，厨师才是我的梦想，我也 XX 学校或餐厅学过。”

这时我会想，他虽然申请的是当服务员，可是他有自己的梦想，有梦想的人，值得再给加一档。

要是他再告诉我，两年后要考托福或雅斯，“我要去悉尼找机会，去看世界是什么样子。”这会让我觉得他真棒，不只是很有想法而且有人生规划，我会给他再加一档。

如果他还能告诉我：“其实我在沟通上面，有时候还太着急了，所以和同事在一起的时候，我想要多多提升沟通能力。”这更令我赞赏了，因为他很有自我觉察的能力，就为了这个，也值得再加一档。

所以这个员工的工资已经变成基本工资加上五档薪资了。我会告诉他：“这个月给你的工资暂时是这样了，如果下个月你已经完全了解店里的情况了，并且你在你想加强的部分有了明显的进步，我们还有机会。”

这时候他的薪资已经上升到 3000-6000 元的等级。他能涨到这个等级，是因为他看见了这个工作不只能给薪资，还与自己未来的发展有连结；是因为他不但“能力”完善了，还有发挥潜能的意愿。

未来只要他不断发挥潜能，薪水就可以一直往上走。

这个给薪的思考，我相信也能拿来衡量我们的人生。不知道有多少人真的明白自己想做什么、还能发展什么，或者有没有想过自己还能提升？当人们领悟到“学海无涯”，自己不但可以自我提升，而且勇于去追求，就有机会真正发挥潜能。

以前当我还在给人打工的时候，我的老板们不断地给我加工资，他们甚至没告诉我就直接加了。我想他们一定是看见了我的潜能，也看见我不断地努力，尤其是我一直在展现自己的价值。

如何让自己的潜能和创造力爆发出来，我认为这是人生最要紧的事，金钱只是一个必然而来的结果，如果你已经活出自己的精彩，不假外求，丰盛与幸福一定早就在你身边了。

PART 2

爱人做后盾，是成功的第一步 /

Chapter 1.

/ 从磨合走向契合的爱

我曾在微博上发表一篇文章《爱三年》，文中提到 2009 年时，我许诺要“无条件爱老公，整整三年。”这个决定改善了我和小乔的婚姻关系。无条件的爱，貌似高深，但实际上就是要做到无条件地支持与信任，虽说是大道至简，但是对很多人来说，却也是知易行难！值得注意的是，这个决定确实改变了我们的关系，但绝对不是唯一的原因。

接下来，我将把这个得到幸福的秘诀说得更清楚。

每次讲起我和小乔相恋的过程，总有很多人听得一脸向往。

回想起来，我们当初是有一点不打不相识的意味，像是偶像剧那样的意外与浪漫。

不打不相识，斗鸡变爱人

小乔是我以前的同事，当时我们都任职于当地的一本外文杂志，我担任销售、营运方面的主管，他则是记者、执行主编，是做杂志内容的人，可想而知我们的立场有时会有点敌对。就像任何一个新闻单位里，编辑部门与销售部门多多少少会起利益冲突，我和小乔那时经常意见不合，根本是互相看不顺眼。

2000 年的五一，国内开始放七天长假，但是因为我有个客户要办活动，我必须去参加。参加之前，我回到办公室拿东西，刚好小乔也在，看到我进公司，他问：

“没出去玩吗？”

“我有活动！”

“那活动后一起吃晚饭吧！”

“好呀！”

虽说，与小乔约了一起吃晚餐。却没料到，客户的活动是一个非常正式，是有大使参加的一共有七道菜的品酒晚宴，而且为了不影响用餐质量，服务生将宾客的手机都收走了，我无法打电话给小乔。

等到晚上十点半，宴会终于结束，我一看手机：

天哪！十几个未接来电！

我连忙打电话给小乔道歉。

“我就在晚宴对面的那个餐厅里，我吃到肚子里的寿司都快到喉咙啦！”小乔幽默地说。

“他还在等我？哇，这个人怎么能这么实在呢？”我觉得很感动，立刻告诉他：“我请你喝酒吧！”

其实，我并不懂得酒，只点了个简单的饮料，就和小乔天南地北地聊起来了。

头一次，我们聊起了自己的人生；头一次，我们之间的对话有了共鸣，聊着聊着，我看到旁边的调酒师一直盯着我们俩，我心想：“这有什么好看的呢？”

回头，瞥见墙上时钟，竟然已经凌晨四点了！

跟一个“平常只会拌嘴，其实不太熟”的同事共度了一整夜，谈了很多连熟人我都不见得会透露的“心里话”，这么交浅言深，让我们俩都觉得挺奇怪的。但也就是这一次的彻夜深聊后，我和小乔，开始建立起了友谊。

过了一个月，小乔要去意大利出差，出发之前他问：

“你需要什么吗？我可以帮你带回来。”

“意大利不是有很多好的鞋吗？我有两件 dress（裙子），一件是酒红色，另一件是白色，我需要一双鞋可以衬这两件长洋装。”

出差返回途中，小乔在佛罗伦萨转机的时候，行李没有赶上飞机，回北京的时候，他就只带了自己的护照包和要送给我的一双鞋。

那时候我特感动，觉得他这人特实在。不久，我们就决定要在一起了。

刚住在一起时，每天早上看到他睁开眼的那一刹那，我都觉得很平静，很快乐。他的眼睛特别纯真，特别透明，看着他的眼睛，会觉得好像可以看进他的心里去。

我是个不喜欢复杂的人，但我也早就知道，小乔这个人绝对不是这么简单。可是当时我想：如果每天早上都可以看到这么一双纯真的眼睛，生活一定会特别美好吧！

我知道我和小乔的故事听起来非常的“偶像剧”，但是，与小乔先同居后结婚，当我终于可以天天看见那双清澈的眼睛之后，在双方匆忙脚步中进行的婚姻生活，却不如我想象中的这般美好。

先不说两个人的习惯不同，个性迥异，光是“中美两国文化差异”这一点就十分需要磨合。

于是，他觉得我很强势固执，无法接受他的做法；我觉得他有时候是不是故意和我唱反调，总之磕磕绊绊不断。

到底是怎么了？我们当初不是互相吸引，互相喜欢吗？

心墙，易让人从爱侣变成怨偶

事实上，再怎么匹配的两个人，都不可能有一模一样的性格、价值观与生活习惯，如果双方都不敞开心房来接纳对方，只是任凭“本性”来冲撞对方，进而自我保护，那么一开始再怎么美好的恋情也一定只能以分手来了结。

大家约定俗成的看法就是男人比女人要晚熟，小乔的个性特别纯真，同时内心充满了“记者”式的质疑。但我是个容易担心、希望掌控事情的人，所以我们之间有很大的矛盾。而小乔很直接地指出了我的掌控心态，在我还看不清自己的时候，他的指控只让我觉得自己含冤莫辩。

以前，他出差之前，他不要也不想让我帮他收拾东西，但是我还是会做。这种中国女性传统的“相夫教子”般的行为，背后其实有一种“掌控”的心态，

“看看我有多爱你，所以你要听我的 / 要对我好一点 / 下次我犯错了不准批评我……”

这是一种预期心理、一种交换，这种爱是带有条件的，可是当时我不了解。那一阵子，我的人生也面临了瓶颈，不只是长时间地抑郁，身体也出现很多症状，比如经常呕吐、无力、发脾气。

再耐心的人，看我天天这么抑郁，日子久了，也无法日日哄我。在我们工作繁忙之时，我感到不被关心，也总是抱怨不断。

正如每一对初进婚姻的夫妻一样，我们有误解也有冲动，就在一年后的结婚纪念日当天，我们又吵架了。

这么痛苦“干脆离婚算了！”我说，而小乔却坚持万事可商量，而我是一定要把事情推到极端之地。

“离婚也要有个纪念日。”小乔费尽心思地想转移我的注意力，半开玩笑地回应。“咱俩去吃个饭吧，明天再说离婚不离婚的事，今天就不说了。”

“不行，我不吃！”虽然我表面很坚持，其实我心里也打鼓呢！

“那么，你先陪陪我吃吧！”小乔放缓了语气。

吃饭的时候，其实已经忘记了当时为何而吵。当年，国内刚开始鼓励索取发票，因为刮发票是有机会得到奖金的，所以大家都很积极地参与。

“吃完饭后，拿张发票吧，如果刮出来有奖，那我们就不离了；如果没奖，那就赶紧离了吧！”我说。

小乔突然紧张起来，连忙说：“不要不要。”

“要！就是要！”

拿起手中的发票一刮，竟然刮到20块钱……

20块钱，可能是千分之一都不到的机率，竟然让我们碰到了，当下，我不得不相信“老天都不让我们离，可见我们真的不该离”。

这件事虽然震撼了我，但我们还是磕磕碰碰，争吵不断。2006年，我开始接触到心理成长课程，在开始的时候，小乔觉得这虽然让我们的关系得到改善，变得更开放了，但也增加了一些新冲突。我开始用我学到的方法和技巧来指责他，他也是百口莫辩。可是不久之后，小乔开始对我学习的东西感兴趣，他开始愿意为我去和我的同学还有老师见面，偶尔也去参加我强拉他去的一些课程，我们开始发展出来一些共同语言。当我们面对一些问题或者挑战，我们可以更加理解和支持对方。在表达情感上也愈发流动。但这并不代表我们永远协同一致，但可以在最大程度上尊重彼此的不同。

找回初衷，把爱的悸动刻在心里

2009年是一个我们的关系品质的分水岭。在此前，虽然两人在一起时困难重重，但是我们还是在一起养家。我们两个虽然是截然不同的两种人，除了个性不同，还有着很大的文化差异。但是我们彼此在工作和家庭上都是互相支持的。小乔总是持有来自于尼采的一个观点：What doesn't kill us make us stronger.（那些试图打败你的却没有打败你的事会使你更坚强）他总是说：好事多磨。

同年，我开始学习教练技术。当时，那位老师愿意分别帮我和小乔上一对一的课程。老师告诉我："你先生是很智慧的人，但他需要你的支持，如果你愿意支持他，你们的关系会得到改善的。"

"他需要我的支持吗？"听到老师这么说，我有点怀疑，小乔那么聪明、理性，像是传统所说"知识分子"一样的人，他平常可是认为："虽然这些课对我有帮助，可是都没有让我做到言行合一呀。"我心里可是满腹困惑，因为我觉得虽然我一直努力学习想做得更好，但我们的关系确实改进的还不够。

也许我真的没有为我们的关系认真而彻底地做过什么。这一次，我决定听从老师的建议，给自己定下一个承诺：我要爱小乔，支持小乔，尊重小乔，对他说的话都说 Yes（是），无条件地整整爱三年。

我决定要无条件地爱他，这意思是百分百地相信他、爱他、支持他，比如就算他说：“这个月亮是蓝的。”我也要附和说：“对啊，就是蓝的！”

这个愿望在刚开始进行的第一周特别困难，小乔感觉到了，还拍拍我说：“别装啦，你就骂我吧！”小乔其实并未要求我做任何改变，做任何承诺，他甚至对所谓“无条件的爱”并不买账，因为他认为这对于主观的人类个体而言，其实是不现实的，但是我继续忍着。

第二周，小乔做了一些事情，想必按照我的个性，肯定很生气，然而，他错估了我的决心；

第三周，愤怒与愿望之间的拉扯已经减半了，我越来越没了发脾气的冲动；

等到第四周，我根本就不想动怒了。

四个星期下来，我逐步脱离了“不断看见小乔的缺点，进而时不时想动怒”的惯性情绪。

然后我发现，虽然我还未能做到无时无刻地接受小乔的所有，甚至有的时候内心也抓狂。但是，那个练习开始后，我觉得自己能够和这样一个出色的人在一起实在太幸运了。

这个练习说来单纯，实际上却是一个深度自我整合的历程。

自我是需要整合的吗？这得从“欠缺感”说起。一个“完整的人”意味着他同时具有阴性特质与阳性特质，阴阳两面整合得非常和谐。要达到这种完整之前，往往要经过一些历程，这个历程，出世一点来说是修行、灵修；而入世的自我整合历程，我个人认为就是亲密关系。

爱情的起点通常是内心深处的“欠缺感”，我们总会在有意无意之间，在爱人身上找寻“以为自己不曾拥有的东西”，比如小时候太多人说我“长得丑”，这让我深感自卑，当日后渴望爱情，我总是想着“一定要找一个大家都认为最漂亮、最帅的人”。

除了外貌，我也对于别人考上一个名牌大学，或是成绩好，感到特别的羡慕与崇拜。此外，我也自认实在不够诗情画意，无论是相貌、学历、书卷气，等等，这些都是我没有并且渴望得到的。

和小乔相恋，貌似是无意识的选择，可是实际上，他就是符合了我内心深处的这些渴望，是个“长得好、学历高、文质彬彬的男人”，虽然当初我并不知道自己的潜意识里可能是这样运作的。

说到这里，一定有很多人急着认为“在另一半身上去追求自己所欠缺的，这是一种盲目”，然而，如果在亲密关系里，我们能够知足到只爱这些灵魂里渴望的东西，那倒也罢了，两人倒也能融洽相处。真正的问题在于，我们几乎不可能只满足于这个美好的灵魂，而不意识到现实生活中出现的客观困难或者不同之处。

再好的人，总要吃喝拉撒睡，总有局限性，对方是，我们自己也是。生活中处处充满琐碎、令人心烦的细节，是这些事情磨损了爱情。

我和小乔的相爱，最初来自于灵魂的吸引力，这部分很美好；但是日常生活中，我常常忘了这一点，忍不住处处和他比较：“我给你做了这个，你怎么没有回报我？”而他有时会反驳：“其实我原本没想要你为我安排这么多，还同意你随心所欲地追求你自己的梦想。而我除了上班还愿意帮你打理餐厅的事，尽力养活我们的家。”

我们的关系渐渐地产生了很多条件，这些条件交换又产生了很多问题，我们彼此就用问题和问题在一起了，而不是最早的“灵魂和灵魂在一起”。

Chapter 2.

/ 清楚什么是爱?

在演讲时，经常有人问我：“工作和婚姻 / 家庭要怎么平衡？”

我认为，在这部分的优先顺序是，先顾好婚姻 / 家庭，让家人成为你的后盾。如此一来，沉浸在幸福中的你，在经营事业时，获得成功的机会将会更大！

2009 年我发愿，要无条件地爱小乔三年，事实上还不到三年，我虽然努力却还没完全做到的无条件地爱，再加上我们俩共同在工作与创作上的密切配合与互相体谅，就已经得到他无数倍的回馈。他百分百的支持与爱，让我的人生与事业再无后顾之忧，同时也给我们带来意料之外的繁荣与幸福。

但是在此之前，我们的爱情其实走过一段很漫长的心路历程，在此分享出来，希望更多人能少走一些冤枉路，认识到真诚的爱是人生至宝，值得用心追求。

现在好多人提到选择另一半，考虑的重点可能是“他家里条件怎么样？”或是“他能否给我自信？他在我身边的时候，我可以相信我是最棒的女人！”甚至是“我没有好学历，要是对方是博士就好了。”

仔细看看这些“条件”，或许都与爱无关。当一段感情的动机，是希望对方来填补我们自己的空洞，例如自己没有朋友，就需要一个人当伴，事实上，这类人在开始一段感情之后，通常会过得比一个人的时候还要苦。

连我们自己都无法填补的空洞，更无法靠别人来满足，如果这个空洞是寂寞，交往之后，我们就会发现“原来即使是两个人了，还是说不上话”；如果这个空洞是“前途”，也许我们永远苦等不到对方飞黄腾达，最后只能自怨自艾“快 30 岁了还没混出个事儿，哎，我真是瞎了眼找他！”在我的经验中，我以前认为小乔拥有的，我就理所当然当作自己的，从而忽略了，我们彼此都是各为个体的，每个人都有一个完整的自己。当“独立”发生，或当我不再需要和借助他才是完整的自己时，我也放下了强加于他身上的诸多期待。

种瓜得瓜，动机决定爱的质量

开始的动机，就是一个因，当我要对方“填补我认为我不够好的地方”，那就是有条件的爱，就像过去的我。我和小乔刚结婚的时候，经常吵架。小乔有时说我拿他“当工具”，我像是带着宠物出门一样，逢人就把他拉出来说“这是我老公。”别人也总会夸他：“哇，好帅！”“这么能干！”

虽然我自觉无意于此，如果换作我成了他人炫耀的工具，必定觉得很耻辱。我那时到底出于怎样的心理呢？我之所以与小乔结婚，在有意无意之间，或许带着对前一次失败婚姻的一种“报复”的动机。

自从结束了那短暂的只有“结婚证”的纸面婚姻，我一时会想“这辈子完了，再也没有人要我了。”一时会想“一定要找到一个比他强一万倍的男人！”所以一开始和小乔谈恋爱、结婚，坦白说，我考虑的因素都是：

他比前夫帅吗？

他比前夫聪明吗？

他比前夫条件好吗？

他比前夫更爱我吗？

外在的条件都够好了，但这个“人”呢？我并没有真正“看见”小乔，甚至麻木地不知道他心里在想什么；现在看来，那时“威逼利诱”用尽各种逼婚手段，终于与他结婚，也许不是因为我多么爱他或者多么想要和他一生一世，可能就是人到三十，不得不把自己嫁出去。在当时的许多相处过程里，我都不知道“我的心”在哪里。虽然偶尔痛苦，但是我们对新的婚姻和未来的日子充满了向往和激情，当然，两颗心能够连在一起才是亲密。

2006 年我开始陆续接触一些和心理学、心理治疗有关的课程，这是我人生各方面的转折点，也包括爱情。

谈了恋爱结了婚，却不懂“亲密”

2007 年，我和小乔在一起五年了，当时有个心理学的老师为我做个案。在那之前，我从来不做个案，我认为我这人没什么好说的。可是，也许我的内心深处里还是有着“想要被理解”的渴望，这个渴望召唤了一个难得的机会到来。

那位老师的课堂上有100多位学生一起上课，那一次总共有二十几个人举手申请要做个案，包括我。看到很多人同时举了手，老师问：“你们自己说说，要讲什么话题？”

“老师，我结了两次婚，也有过男朋友，但我从来不知道什么是亲密关系，到底什么是亲密关系？你可以告诉我吗？”不知何故，我说出了深藏在心里的真话，老师也立刻回答：“真好，我下午就要讲这个话题，那就你来吧。”

上课之前我还给小乔打了电话，我说下午要做个案，话题是关于亲密关系。他是个低调而注重隐私的人，我猜是为了我，他同意了。

后来这次个案的体验，可能是影响我们俩关系特别大的一个关键。但是，在这次个案体验中，小乔这个形象根本没出现。

个案进行前，我告诉老师：

“我一直感觉很孤独，觉得身边有这个人还不如没有呢，我觉得我永远和别人有距离感。”

“我不知道什么叫‘亲密’、什么叫‘亲近’，我都不知道，也特别想知道。”

于是，老师就给我做了个引导，我在催眠状态（即进入到放松的、潜意识打开的状态）中看见自己是个在矿区家属院的小女孩，坐在路灯底下，等着我妈叫我吃饭，我想着：

“你还记得我没有回家吃饭吗？”

“我就要等着你来找我！”

我越等越生气。

“这么晚了，他们怎么还不找我！”

“他们忘了我吗？”

“难道我就这么不重要吗？”

“我这么大一个人没有回家，他们都不知道吗？”

事后我猜想，也许小时候可能真的有坐在路灯底下等家人的经验，我一个人出来玩，也许家人很忙，他们真的忘了我没有回家。

就在催眠当下，我非常生气的时候，老师问：“你想让谁来拉你的手啊？”“我不要！”我简直愤怒至极！

“那你要不要我带着你？”老师忽然这样问，我看着他慈祥的脸点头答应了。

“你想去哪儿？”

“我想去花园。”

“那我带你去花园吧，你要不要把你的同学们都变成花？”

“好啊。”

于是我眼前出现很多、很美的花，我置身在一片花海里。过了一会儿，老师说：“那我们一块回家吧。”我说“好啊”，然后这次个案就结束了。

因为是在催眠状态，当时的过程其实我不太记得了。事实上，那一次几乎没有人记得自己在过程中所有的体验，像是大家瞬间失忆。第二天大家互相分享时，我才知道课程结束的当晚，很多人睡不着觉，或是做了很多梦，特别神奇。

每个人都孤独，也享受着爱与被爱的权利

我终于知道“孤独感”的源头。所有人都孤独，因为我们其实都是完整的，我就是我自己。很多人以为，单身的时候、一个人的时候好孤单，“没有人要我”或“没有人要跟我亲近”。

那一次我就意识到，那个生气的小女孩，她就是等着别人来，别人来找还不行，她还是生气。所以，不是别人不跟我在一起，而是我把别人都推开了。

上完课后，小乔问我："你做完个案了，都做些什么？"我告诉他等一会儿。

然后，我转身去写了一首很长的英文诗，接着念给他听。

那首诗的手稿，我已经找不到了，大概是说："那个孤独的小女孩，一个人站在路灯下，等待着自己的妈妈，看着满楼的灯光……"念完诗以后，小乔满眼含泪，他走过来，深深地拥抱我，在他的怀抱里，我尽情地哭泣着。那时候心里出现了一个声音：我身边有这样一个人，真好！

我彻底意识到一件事：根本不是别人不跟我在一起，不跟我亲近，而是我心里一直有一堵墙，不让人走进来，也许每个人都有这样的一堵无形的墙。

经过那一次个案和拥抱，我知道我跨了出去，这堵墙自然就没了。这是特别奇妙的一种感觉，我们俩在一起不再有距离感了。以前，他就算在我身旁，我也经常感到他似乎离我很遥远。

后来过了两星期，是他的生日，当时他在厦门工作，我飞过去，凌晨一点多才到宾馆，他还在赶一篇稿子。他说：“我还在赶文章，现在没办法跟你在一块儿说话。”我说：“没事儿，我先去洗澡。”

洗完澡以后，我就一个人静静地看书。要是以前，我会故意弄出很多很大的声音，我要告诉他“我在这里”或“我很生气”，我要让他看到我的态度：“我来看你，你还只写东西不理我”。

但那一次，我只是平静地看书，过一会儿，他就走过来问：“你没事儿吧？”我说：“没事儿，我挺好。”我是真没事，继续看书，后来累了，我就说：“我先睡了。”

在厦门的第二天，那是我们在一起七年来为数不多的几次之一，他不带电脑也不带一本书，只带着我去厦大走走。而我此前，东奔西走沉浸在自己的世界之中，何曾如此全身心地和他在一起过呢？我们坐在一个老咖啡馆里喝咖啡，聊着他母亲还有我母亲的事，我们俩一起流着眼泪。

那种感觉特别亲切、特别美，也特别温柔，后来他就说：“以后我们多约会吧，我还会带你出来散步、吃饭。”从那次以后，直到现在，周一晚上就是我们俩固定的约会时间，如果有一段时间事情多，他就会说“我们又很久没约会了。”

我是幸运的，有了那个契机，让我们整合了这么多年来对于“孤独”和“亲密”的困惑。没有了那堵墙，我们之间亲近了好多，那是我第一次切身理解，原来所有人都是孤独而完整的个体，但世上没有任何事任何人能够阻挡我们爱人与被爱的自由与权利，能够阻拦我们的，只有自己。

两颗心能够连在一起才是亲密。

Chapter 3.

/ 想要什么样的爱，由你先做!

有人在亲密关系中自认是“受害者”，认为自己的不愉快是对方造成的，但仔细回想这些经历，我们往往会发现一切的源头正是我们自己。不论是痛苦的，或是快乐的，爱情是人生剧本的重要一章，自己才是写下主题的人。如果渴望美好的爱情，请先给出那样的爱吧!

幸福不是一种从天而降，我们可以坐等发生的好运气，这个道理放在事业经营上，大家都能明白，但是谈到爱情，很多人就想不通了。人人都渴望着美好的爱情，但是包括以前的我在内，面对这份渴望，我们做得更多的是“挑剔”，挑剔眼前的恋情有哪些地方不够美好，而不是“创造”出我们要的美好。

幸福，不是等出来的

刚开始密集学习心理学课程的那段时间，我经常前往各个开课的城市学习，为了节约旅费，我总坐最早或者最晚班的飞机，经常早出晚归，特别疲倦。

所以我和小乔彼此的激情所在经常不被对方所知。我们总是“错过彼此的时间”，可能我一早拿了行李就走了，他还没起床，有时我深夜回家，等到第二天起床，他已经上班去了。

但是如今不是这种光景了。在我们的关系改善之后，每当我坐飞机赶上课，他总会主动问：

“你明天早上几点飞机？七点钟？那我送你吧，五点钟起床送你。”

“干吗？你不用送了。”

“不不不，我一定要送你。”

除了坚持送我去机场，小乔总是暖心地接我，记得有一回，飞机在凌晨一点多才抵达北京，当时我在上海机场就告诉他：“飞机晚点了，你真的别等了，赶紧回家吧，我不知道几点才能回来。”

他却说：“反正回家我也睡不着觉，你回来会吵死我的，还不如在机场等你一起回去。”我知道他在开玩笑，心里却一阵感动。当天下了飞机以后，有个跟我一起上课的朋友，原本提议叫车，我说：“不用，我老公来接我。”她有点讶异地说：“你老公挺爱你的。”

爱就仅仅是靠接送机来表达的吗？其实不然。我总会回想之前自己的行为，每当我要出远门，总是提着行李说走就走，不管小乔同不同意或是喜不喜欢，我从不和他商量，自己想走就走了。他看在眼里，心里当然不好受，如果我是他，大概也会觉得“哇，这个家这么不好吗？你就这么愿意走吗？”我以前都做了些什么呀！

在心理学、身心灵的学习道路上，我渐渐觉知到自己才是一切的源头，当我了解了爱是什么，才恍然大悟，原来，不是想什么就能有什么，而是我渴望什么，我必须先做到。

若我想要真心的、真诚的爱，我就要先付出这样的爱。我开始尊重小乔、关心他的所有感受，每当他不开心的时候，我会说："你给我说说吧，我想听你的苦恼是什么。"或者他特别开心的时候，我也会说："快告诉我吧，我也想知道你发生了什么有趣的事！"而不仅仅是自私地沉浸在自己"痛苦"或者"孤独"的情绪中。

当我全心全意爱着他时，我感觉到我们的关系发生了好的变化。小乔很快就明白，每次我上课早出晚归，都是为了节约旅费，其实我很想家。现在他会告诉我："贵一点也可以，别太难为自己。"

除了这些生活中的琐碎小事，小乔在我的灵性追求以及事业的追求上总是给予我很多意想不到的建议。

"原来我没有他伟大"，我常在心里这样感叹着。跟他相比，我付出的实在太少，但他却还给了我很多很多。

其实不只是先付出，先实行你要的爱，更重要的是这些付出必须来自真正的关心。可能有些人的亲密关系当中有很多算计、权力斗争，对另一半好，是为了迫使对方未来要"听我的"。这种"爱"不只是很扭曲，也往往为了达到目的而不择手段。

比如在我还没学习什么是真正的“爱”之前，偶尔小乔要远行，我会帮他打包行李，安排这个，安排那个，貌似我很“贤惠”，实际上这是故意做给他看，表现“我有多好”，我还边做边说：“我其实很忙呢，特地管你的。”

真诚来自于尊重，我知道爱的基础在于爱自己、尊重自己，如果为了得到一个结果，而委屈自己、践踏自己，那就不真诚了，这个结果肯定也是扭曲的，无法让我得到快乐。因为学会尊重自己，我也懂得尊重别人，看着小乔与我不同的生活习惯与看法，我能尊重他的“不同”，因为我也不勉强自己了，我了解到爱不等于强迫两个人过一模一样的生活。

在生活和工作中，我们俩各有各的爱好和追求，但是心又在一起，这种感觉特别踏实。这就是“有条件的爱”和“无条件的爱”之间的差异，当我在亲密关系中，如果我给的爱带着“爱以外”的动机，我就无法收获真正的爱。

反之，因为我们俩真正的相爱，既没有权力斗争，也不算计，关系当然会特别的稳固。对于夫妻共同经营一份事业来说，关系稳固是多么重要！

Chapter 4.

/ 越懂被爱，就越幸福

每当我分享“实践无条件的爱”的过程，很多听众觉得羡慕、不可思议，其实这当然不能一步到位，而是在发生了很多事之后，我慢慢体会到，当心墙被推倒、当我不再那么自我保护、拒人于千里之外时，爱与温暖就能流进我心里。而“无条件的爱”其实并不是我们以前想象中的那样遥不可及。

上一节我们谈到“想要的爱，我们自己必须先做到”，实际上学会如何爱他人之外，“被爱”更需要学习。因为爱与幸福有个很重要的关键,或者该说是前提:我们必须把心打开,感受别人的爱意与善意。

很多人都能了解爱人、付出是怎么一回事，可是对于“被爱”，大家却很陌生。其实，每天都有幸福在我们身边发生，只是有些人懂得感受，有些人不懂。

幸福不会只拘泥于一种样子，爱情到浓时，当然也不会只是鲜花、礼物、激情与浪漫。我认为更深刻的爱情，是一种合一，是彼此都能够“爱我所爱，也忧愁着我的忧愁”。自从我和小乔之间的关系产生转变后，我经常在生活中体会到这种爱。

爱你所爱，忧愁着你的忧愁

2007 年，我的母亲得了癌症，第二年，我母亲的病更重了，但同年的 2 月正是我婆婆 60 岁的生日，这当然是很重要的日子，我和小乔很早就买妥机票，准备赴美为她过生日。

探望婆婆之前，我一有时间就在医院里照料着母亲，伺候汤药，寸步不离。国内医院的条件，我们当然司空见惯，可是对于小乔来说还不太不习惯。

我要他别管这些事，也不用到医院来。等到接近婆婆生日的时候，我们差不多应该起程了，我问母亲："我婆婆要60岁生日了，我要和小乔回美国一趟，你让我走吗？"

记忆中，母亲总会鼓励我多去美国："你看她一个儿子住在中国，一年才能回一两次，你要多孝顺你婆婆。"但是那一次，母亲却拉着我的手说："你别走，你会后悔的，这次就对不起你婆婆了。"

听到这句话，我的心往下一沉，知道情况已经差到她有了自觉。换作是以前的我，一定会告诉小乔："我妈病重了，我不去美国，你也不能走，你也得陪我妈！"然后他心里就会开始纠结了，很可能就把机票退了说："那我也别回美国吧。"

但那一次我告诉他："你去美国照顾你妈，我在这里照顾我妈。这一次，我对不起你妈妈，没法给她庆祝，但是我妈妈已经严重到她不让我走了，我不得不留下。"

小乔理解了，听了还是难过，直说："我太内疚了，回美国我还要庆祝，还会玩，会很高兴，却留你在这儿这么苦，这么难过。”我说：“庆祝生日当然要高兴！我妈病重了，自然是件令我伤心的事儿，但是我们俩既然不能在同一个地方的话，你就尽情地去享受吧。”

我是打从心底，真的愿意他和他的母亲团聚，就像我也守在母亲身旁一样。事后我的婆婆还特地打电话来，感谢我让小乔回美国一趟。

后来小乔从美国一回来就到医院来看我母亲。午后，他把我拉到户外说：“宝贝，知道你的脸都是白的吗？你还站在这儿晒太阳，看的我心疼呀。”后来他让我回去休息，他来照顾我母亲。我说：“你不嫌弃医院条件不好吗？”他说：“不，看着你照顾你妈妈，我觉得你这种状态特别美好，我太佩服你了，可是我也特别难受。”

我就觉得这个人真好，我不认为他做这些就是理所当然，他心疼我的同时也那么关心我爱的人，正如他爱自己的母亲。因为这份同理心，他愿意照顾我的母亲，这真是一份高尚的爱。

让你自由，也守护对你的爱

2009年，在探索自我的路上，我又前进了一步，前往印度进行灵修之旅。其实我一直都需要一个人独处，一个人旅行，我还告诉小乔：“我去印度，你去台湾吧，我们各自旅行。”

但是他却说：“我刚开始着手这个工作，况且你爸一个人在家，我也一个人在家，我去陪你爸吧。”那是我母亲过世后的第一个春节，我父亲还在调适母亲走后一个人的生活。

等我从印度回到北京，我父亲告诉我：“这么好的男人，如果你对不起他，我是不答应的。”他们两个男人在一起，还真没什么可聊的，但是小乔就这样在一旁，静静地陪伴着我父亲。在我需要自我放逐的时候，他为我守护我最爱的人。

在这段印度之旅的尾声，还发生了一段小插曲，彻底让我对亲密关系改观。

因为临时决定多上一堂课，我比原定时间要晚回北京一星期。可是我的信用卡不知道出了什么问题，决定多留一星期的那个下午，我不能刷卡付上课费用，可又没带那么多钱在身上，印度很多地方是只收现金的。

还记得当时是印度时间下午四点多，北京时间已经是下午六点半了。我急忙打电话联络我的合伙人，想让他给我汇钱，但拨出电话号码的瞬间，我的手停在空中，突然愣在那里：

我是一个结了婚的女人，我有先生啊，为什么第一个拨出去的电话会是合伙人?

我开始自说自话：他会不会嫌我麻烦?他会不会嫌我乱花钱，等等，另外，他这个外国人在中国办理汇款也挺复杂。

我满脑子都是小乔可能责怪我的话，可是后来我觉得不要给自己添麻烦了，反正就是借钱、还钱，反正我已经知道他会这么责怪我，为何不试一下?

就在我拨通电话，说明来意之后，我等着小乔的指责，没想到他却说：

“天哪，你今天晚上怎么办?你有钱吗?有吃晚饭的钱吗?今天晚上怎么过?”

“银行已经关门了，我怎么给你钱?”

他说得很着急，我却疑惑着“他怎么没有骂我?”我告诉他：“不要紧，我还有500美金呢。”他急着问：“你需要多少钱?”我说

600 美金就够了。第二天我去取钱，承办人员问我："你家人给你汇了多少钱啊？"我说 600 美金，对方却一脸狐疑，不断向我确认，还要求看我的护照。

看过我的护照后，承办人员又问了一次"你确定是 600 元美金？"我说："确定。"结果对方说："你家人汇给你 1500 元美金啊！"我非常震惊，立刻打电话数落小乔："我要 600 块钱，你为什么要给我 1500 块钱？"他说："我一定要确保你有足够的钱才行啊。"

事后我一直想"天哪，他怎么和我想得不一样呢？"原来我时常活在自己的想象里，我在没有行动前，猜测他会如此回应，然后一些事情都不去做了。其实不论是过去，还是将来，小乔都不会这样对我，倒是我心里有个小剧场，总是自顾自地揣测别人如何对我。

不演内心戏，把心空出来感受爱

经过这件事以后，我经常看着周围的人想：小乔是这么帅气、聪明、心地这么善良，还这么愿意付出的一个人，这世上还有第二个男人会对我这么好吗？这么支持我，在我这么任性的时候，他还爱我？

答案当然不言自明。

如果我没有放下心防去尝试，就无法看到自己的模式；如果我没有给他打电话，我将永远不知道原来他是这么爱我。

从那以后，我就试图不再猜测，也不自己编故事了，我开始真心地跟他说话、聊天与沟通。小乔并不是每一次都像我需要的那样宠我，也并不同意我的所有主张，但是他不同意的时候，我也不再坚持己见，而是花时间去思考“可能他也是对的”。

就像某一次，小乔开着车载我，在车上我接了一通很长的电话，某一个合作对象因为工作压力极大，心情烦躁，足足在电话中数落了我 20 分钟，尤其最后她不断强调：“我对你非常失望！”

挂了电话后，我也不说话，觉得心里很烦，无缘无故地被骂了一顿。但小乔这时候问：“你做错了什么？”我说：“我没做错，是她压力太大，发神经呢。”但他继续追问：“这人一定帮了你多大的忙，值得你还她这份情，让你 20 分钟没说话没还嘴？”

我还嘴硬着说：“我没做错什么，我都做得很好。”但小乔坚持：“你一定是做错了什么。要不，她不会这么生气，不会这么说你。”

小乔的追问让我态度松动了，因为想起了一些事，我终于承认："第一，可能相较她而言，我没有那么付出吧，她一直那么努力地做事；第二，我身边太多事儿了，和她合作的这件事已经不是我最重要的一个事儿，但对于她来说，那是非常重要的一件事，所以在她眼里，我不太负责任的态度，让她特别生气；第三，我们一直没有当面见过，她不够了解我，当然就不信任我，也就误会我的一些做法。"

小乔静静地听完，没有多作评论，只说："你知道你自己有做得不是那么好的地方就行了。"

几年前我如果听他讲这些话，我一定会生气，认为"你还帮着外人来骂我、说我。"但是现在我却会觉得"哇，他是多智慧的一个男人！他可以帮我看到我许多的不足之处。"

小乔曾经说过："爱人是一个提醒者。"他就是用提醒在支持我。他的提醒对我而言很重要，即便不知道状况是什么，他就提醒我做人做事可能不够成熟。而且他是很郑重地告诉我，而不是简单的判断你好或者她对，他认为双方都有点责任。

小乔说："你还不错，她帮你一个大忙，所以你就克制住了。"

他非常了解我，我是一个即使在气头上，还保有一丝理性也懂得顾念旧情的人。

指责是批判，经常带着误解，也容易令人反抗；但提醒是善意，是基于对我的理解，是和我站在同一边。这让我可以敞开心房，很放心地让小乔了解我的脆弱与缺点，比如我敢在他面前说："有时候我真的蛮自私、蛮计较的。"在我对自己评价这么低的时候，他却很真诚地告诉我："其实我觉得 Amy 你是一个很慷慨、很无私的人。"

这些话像是某种爱的咒语，一瞬间就让我想起自己很善良的那一面，也重振精神。"我在老公眼中是个这么棒的人呢，为了让他继续这么爱我，我一定要做得更好！"于是我可以毫不自我怀疑地去成为宽容大度的人。

不只在为人处事上，他对感情的深刻理解，也常常触动我。有一次我好像帮了他某个忙，所以很高兴地告诉他："你这次更爱我了吧，你会不会更加爱我？"他却说："不会。"我听了非常生气，"你怎么能这样说话！"

没想到他说：

“宝贝我每天都是最爱你。”

“每天爱你的方式不一样，可是无法更爱你，因为我已经每天都最爱你了。”

我当时久久说不出话来，觉得他这番话真美。也许这话听起来太过理想，太过甜美，但是他确实以此方式告诉我：在我没有在意识层面知道的时候，他已经在用他的方式向我表达爱与欣赏了！很多人有个心病，觉得如果主动表达对另一半的爱，就好像自己在对方面前矮了一截，然而当小乔如此表达他对我的爱时，那一刻我不是沾沾自喜，而是由衷地感激，“我是如此幸福，拥有一个好男人赤诚的爱！”

我们对彼此坦白自己的缺失，也坦白自己的爱，亲密关系原不需要两个完美的人，而是两个彼此接纳、鼓励的人；信任不是来自永不犯错，而是犯了错，两个人依然能坦然面对，一起跨越困难。

学会被爱，更懂得爱人

如果我的心不够开放，我会将小乔的提醒理解成“他帮着外人批评我”，我们就会开始争吵；但因为我对他有完全的信任，我感觉到他的话不是一种批判，而是一种爱，所以他的提醒最终是加深了我们的感情，而不是破坏。

被爱，是一种感受的能力，很多人早已经被爱，但他自己没有感觉，心里那道匮乏的墙很厚，挡住了，就像很多人被称赞或被说“谢谢你”的时候，总急着否认说“没有”，其实这无形中，就把别人的爱给推掉了。

我现在和小乔在一起，就学会了接受爱。而小乔也说他多年以来也是在向我学习，对接受我的爱的各种表达越来越有觉察，尽量放开他的心，解放他的思想，而事实也确实是这样。当别人给我爱，给我认可的时候，我特别感谢，真诚感谢对方这么爱我，这也是我的幸福感特别浓厚的缘故。幸福感与觉知有关，生活里面，除了“成绩”之外，还有很多的爱与欣赏，一个生活在爱里面的人，脸上一定会散发一种被爱的光彩。

原来，“你爱我吧”就写在脸上，这是一种会让人家自动关心你、为你着想的气场。培养这种能力与气场的方法非常简单，每一天都在生活里发觉围绕在我们身旁的爱，可能是友善的陌生人，为我们着想的同事、家人，去感受这些爱，然后致上真诚的感谢。

当你拥有被爱的能力，爱人的能力也会递增！

而“爱他三年”的自我誓约正像一个警钟，不时地提醒我：“不可以骂他了。”在此之前，我们很爱“就事论事”，非要辩论出个你对我错，是非曲直；在这个誓约之后，我像是孙悟空有了紧箍咒一样，每当快要与对方争辩起来，心里总会有个声音：“想想当初你爱他什么？”那个声音不断要我去和小乔的“本质”连结，例如：

他是可爱的，

他很诗情画意，

他是善良的，

他很有创造力……

一个人的本质，不在于缺点，而是最珍贵的精神核心，也只有爱他的人才能辨识出那份美好。然而没有人能戴着有色眼镜来生活，也没有人可以24小时都维持着自身的美好，所以这个“爱三年”成了一个灵魂的练习，我练习的是“记得”，是“连结”。

我要想起小乔原本是一个“很棒的人”，我要连结他“当初让我连灵魂都会颤抖的本质”，我也要记起，我并不是当下这个快要发脾气的自己，而是那个“灵魂曾被小乔深深撼动的女子”。

这样的练习，一开始可能花几个小时都很难连结，很想发脾气，但是随着连结的次数多了，也就越来越快。当小乔做出一些不合我意的事情，我越来越可以心如止水，我会知道那不是他；我知道原本99.9%的他是什么。

更令我惊喜的是，我的自我练习也影响了小乔，当我烦躁的时候，他告诉我：

“这不是真正的你，这是情绪。”

“你的本心不是这样的，你只是不高兴了，只是烦躁了。”

就像前面曾经提到的，他懂得我是什么样的人，在我心烦不讲理的时候，他知道他最好不苛责我、批判我，而是会适时提醒我有哪些珍贵的优点。

当两个人都知道真正的对方是谁的时候，爱情就不会像烟花一样，一绽放就没了，而是细水长流，可以很长久地弥漫在生活中的小小事情里面。

从欠缺走向完整，爱情让我们看见自身的圆满

后来，每当我分享这个过程时，总有人好奇地问我："凡事支持他？这不会是一种盲目吗？万一他做错决定怎么办？"

如果孩子在玩火，我们允许他，那是盲目；但丈夫不是孩子，他做的事情，他自己知道。当他说月亮是蓝的，是他在测试我，不是他真认为那是蓝色。

当他说着一件他也不懂的事情，我还相信他，这也是盲目；如果那是他懂的事情，他胡乱说，而我顺着他的话，那就是一种宠。

比如我们的"苏苏会"，几乎过大半的构想都是来自小乔的创意和坚持。像是整间店的室内面积只有 100 多平方米，但我们为了做特殊的地暖效果，花了一大笔钱，因为他认为客人是关键。地板的材料有一米九的，也有一米二的，一平米就差了不少钱，但他就要这一米九的，我说"买！"他反而问我："哇，这个好贵，你真的要吗？"我说："真的，因为你要，我就要。"

还有，在胡同里很多餐厅都不建厕所，因为外头就有公共厕所了，但小乔说我们店里要建厕所，我说"好，建一个吧"，他说："不行，

必须要两个，这间店不能让人等厕所。”

我心想：“一间店不过四五十个位子，还要建两个厕所，这是干吗？一间厕所最少要四个单位面积，这是好多钱的事儿。”但是想到我承诺自己要“无条件地爱他、相信他”，所以我毫不质疑地做了。结果是，这个设置让客人们觉得很舒服、方便。

这是我的盲目吗？不，小乔真的懂怎么做才算是好餐厅。

他有很多想法是真正能令客人感到舒适的，也令餐厅的风格与特色更加凸显，除了前面提到的例子，他也总是做出非常有远见的决定。

小乔这么有智慧，如果我还质疑他，那我不成了傻子吗？

我跟他在一起 16 年了，他的强项与弱项，我可能比他还清楚（虽然他一直认为我高估了他的能力，直到现在他还是觉得自己更了解自己）；反过来说，我的强项与弱项，他一定比我更清楚（这个我自己很清楚）。其实静下心来，撇开平日的争吵与对立，不少爱情长跑了多年的夫妻、情侣都是这样，我们很明白哪些决定让另一半来做一定
多年的夫妻、情侣都是这样，我们很明白哪些决定让另一半来做一定
会做得比我们好，反之亦然。

两个人各有长处，可以互相截长补短，我请求小乔，在40岁之前，我会全力冲刺工作；40岁之后，当我精力没那么足了，允许我回到女人的角色，休息、玩耍。

我很喜欢《你侬我侬》的歌词："将咱两个一起打破，再将你我用水调和；重新和泥，重新再做；再捻一个你，再塑一个我。"这就是亲密关系的真谛，一开始我在小乔身上看见我没有的，跟他在一起是为了完整那些欠缺。经过很多年的相处、磨合，我的一言一行已经有了他的气息，他的每个决定里也有着我的思绪。

亲密关系就是这样一趟旅程、一场修行，让我们都不再是当初的自己，却也成为更完整的自己，不再需要另一半对方来完整我们了。我不再需要小乔来完整我，我们只是互相陪伴，不介入彼此的职涯决定、人生决定，但不论对方做什么决定，甚至不做决定，另一方必定全力支持，或者至少做到尽量接受。

这样的我们才真正成为伴侣，成为互相欣赏的爱侣。

当初那位老师给我的建议，现在看来非常正确了，当我尽可能支持小乔想要做的所有事，我换来的是他对我想做的事情的长久支持，也包括支持我所有的生命追求。例如，我要去哥伦比亚大学读研究生，尽管家事和餐厅的事那么多，他总说：“你爱学习的理想更伟大。”

我热爱学习，不论学什么，小乔都支持我；我热爱到印度静心、旅行。去年我去印度的那段时间正值中国的春节，出国时我告诉小乔，他可以趁此过过单身生活，他却去了天津陪我父亲过年，让父亲好感动，总说：“这真不是每个人都能做到的！”

所以，如果有人问我幸福婚姻的秘诀是什么？

我会说：持续地支持，相信你的爱人。

当你相信另一半，他在做出每个决定时，会更加慎重。

所以，相信你的另一半，他，一定会做出最好的决定。

PART 3

接纳自己，赋能全开 /

Chapter 1.

/ 花若盛开，清风自来

有个特别好的人生状态叫作自在，安然自若地活着，不刻意讨好谁，不担心没人注意到自己，也不去评判别人。就像花开了之后，香味自然散开，不需要张扬，不必紧张何时会有人走上前来欣赏。

花朵从来不比较自己是不是最美、最香，她们只尽情绽放自己。但是人类就特别累了，在别人还没评判之前，我们总是先把自己评判一顿，当你自己都无法接受自己时，你看到的他人与世界，一定充满缺点。

与人比较，影响最大的是自己

我在22岁之前，是个不比较的人。我出生在河北的一个小小村落，后来在一个县城里长大。从小到大我觉得自己是个晚熟的人，总是羡慕人家学习好，可是无论怎样，我总会在桃花盛开的时候，跑到桃树林里，一待就是整个下午，老师摇头叹息，我也很无奈，可自己又不知道如何努力。虽然感觉不出自己有哪些长处，但我也从无嫉妒感，可以真诚地欣赏别人的棒、别人的好。

22岁之后，一开始上班，我就开始“比较”了。

“为什么别人跟我干一样的活，为什么他赚得比我多？”我心里总是浮现这种想法，总是为了这些想法而不高兴。我开始嫉妒，也开始经常在心里评判别人，太多事情可以让我不服气，比如看到人家穿衣服好看，我就会想“哼！我一定也要买到这件衣服！”

于是痛苦就来了。30 多岁的时候，我有了先生、车子、房子，但还是常常觉得别人比我好，例如觉得别人的房子比我的还大、别人家的先生比我先生更有钱等等。

当你开始拿别人的长比自己的短，或是拿自己的长比别人的短，那就是悲催人生的开始；当你的眼睛里只有计较，就会永远找不到自己的位置。不只是令你时常感到自己是个“输家”，更糟糕的是，当你开始比较，别人也会跟你比，你会常常听到别人说：

“你都做到这个职位了，这样你还不满足？！”

“你以为你是谁啊？有这么的工作，有这么好的老公，还有这么多人喜欢你！”

当我还是小女孩的时候，因为我傻乎乎的，特别天真，所以别人也特别喜欢我。当我与世无争，我跟谁都没有矛盾，但是当我开始想要比你厉害、比你聪明、比你出头，我就越来越觉得“别人都在和我竞争”，总认为有人评判我、说我坏话，于是我更生气，觉得别人怎么可以这么坏心眼！

但是这些不愉快，其实都是我自己创造出来的。

不强撑，做自己

妈妈，是我人生中第一位生命的导师，以前念书的时候，没有人知道我眼睛大，因为我从来不睁开眼睛，老是低眉敛目，顺眉又顺眼的听别人说话，真心地称赞别人“你真棒”、“你特好”；开始工作之后，我的眼睛突然睁开了，我妈却说：

“20岁之前啊，你是非常有智慧的一个人；当你眼睛睁开的时候，你就傻了。”我以前一直不理解这是为何，后来在我学习“不评判”之后，才了解到我眼睛闭着的时候是在看自己，睁开的时候就开始评判他人了。

对于我进入社会后的心性转变，她的这段话完全是当头棒喝！我身陷“比较心”最严重的那几年，不仅是常常比较自己与别人的优胜劣败，我还计较着自己对别人的付出，当我给你一个桃，我就开始想着：

“你什么时候要回报我？”

“你要给什么才能真正回报我？”

“我给你一个桃，你竟然还不喜欢我！还没有跟我说谢谢！”

当别人给我一个桃，我就开始想：

“他有什么目的？”

“我得马上做些什么给他，要不他会觉得我占便宜？”

“他就是给我一个桃，难道我之前的付出就只值得这个回报吗！”

无数个故事，无数个评判。我不仅不高兴，而且身心疲惫。

妈妈却告诉我，如果你做事是为了要别人谢谢你，那这事儿就别做了。因为当你给了别人东西，给出去的时候，这个东西就消失了，你无论如何都无法再拿回一个一模一样“对等”的东西，不管别人还你什么。

我们在比较心中迷失了自己，一旦迷失就更惶恐，更想伸手抓住外在的许多东西来巩固自己，名、利、金钱，等等，但是越是追求，心里就越空虚，因为你连自己是谁、自己要待在哪个位置都不知道，你不知道自己追求这么多事物的意义何在。

对自己的爱，才是人生中最好的指南，其他的标杆典范都不算。

我妈妈在过世之前，缠绵病榻了一阵子，她要离去之前，送给我一个最棒的礼物。

陪她的那段日子，有一天夜里，我说："哎呀，我还没有孩子呢，我还是这也不好，那也不好，你别走吧，我还有好多事情让你担心呢。"我放不下妈妈，心里非常舍不得。但她听了，只是淡淡地告诉我："有没有孩子没关系，你怎么能保证生出一个'像我的孩子那么好'的孩子呢？"

对我来说，这是很震撼的一句话，原来妈妈是这么爱我，这么接受我！我这辈子从那句话开始，感受到了完全被接纳的感觉，那个感觉很奇妙，我突然之间就理解到，原来他人对我的爱与接纳与我做不做毫无关系，就因为我"存在"就足够了。不再强撑着去证明自己。我整个人开始放松了。

一个接受自我的人，才能含纳全世界，以前那个我充满比较心，总是追着别人跑；后来我知道了，自己即是宇宙，世界原本就是围着我打转的。

有一句话说："花若盛开，清风自来"。

明白这一点，让我的人生因此豁然开朗。

Chapter 2.

/ 永远和自己站在一起

我认为比起追求成功，自我实现是人生里更为重要的一堂课；另一方面，也可以说，如果在追求成功的过程中，丢失了自己，这个成功也格外空虚，不值得追求。有很多方式可以帮助我们了解“自我”是怎样一回事，但最重要的态度是永远和自己站在一起，不离不弃。

很多人知道我和小乔在各有各的事业之余一起经营餐厅，会对我们很好奇，这个好奇特别展现在以为我们是不得了的大富豪，但是对我们稍有认识之后，他们常常惊讶于我们不仅没有过着挥金如土的日子，而且整体生活方式也比较朴素自然，最大的奢侈之处就是我们可以总在我们的餐厅用餐了。

还有人更直接一点，当我的面说："啊，你们的餐厅这么小啊？没有什么呀！"我对这种评论、评价向来不放在心上，我总说："我们还好，还可以呀，我们的日子过得很不错。"

连小乔也特别羡慕我，就因为我的自我感觉特良好。自我感觉良好，不是因为我高高在上，瞧不起别人，而是因为我对自己很有信心。

这其实是一件很重要的事，关系到能不能过好自己的人生。当面对别人评判你的时候，我们有没有这份信心说："我还好！"

知足常乐，当下我已足够好

一定有人以为自信与成就名利有关，越是有钱有名的人，理当就越自信，但是事实不全是如此。

我当然不是一开始就是个创业家、餐厅老板，我曾经也是千千万万个来到北京寻找未来的年轻人之一。1997 年的时候我住过地下室，后来搬到小房子、小公寓，然后才拥有属于自己的家。

当我还住在一间不足五平米的小房子里的时候，有个朋友看了直皱眉，他说："你这房间很破。"当时我回他："这是我所能支付的最好选择了。"其实，现在的房子，现在的生活，也是我目前能做出的最好选择。

过去的我和现在的我，财富程度有别，但懂得满足的心没有改变；我不和别人比较，而是为每一次的尽力感到骄傲，我知道"当下我已足够好"。

当一个人能发自内心感谢自己的努力，内在的信心才能油然而生，因为这当中已没有一丝愧疚、心虚或侥幸等负面思维。当一个人不用负面思维来削弱自己，才能真正鼓舞自己下一次做得更好。

很多人习惯用"鞭策"自己的方式逼自己进步，但那往往不是"鞭策"，而是鞭打、讨伐自己，甚至是威胁和诅咒，像是：

"怎么不再坚持一下呢？"

“为什么你这么懒！”

“再这样下去，你就等着失败吧！”

如果你常常对自己这么说，那么你一定会迎来失望与失败，因为你心里的信念就是如此，你一直在暗示自己：“我是个 loser（失败者）！”每一次面对挑战，你总是戒慎恐惧，总是预设自己无法过关，事情还没发生，已经先把自己给吓坏了，当然无法用宏观的视野来判断眼前的局面，也不会有破釜沉舟的决心与胆识来做好一件大事。

过度把焦点放在恐惧与缺点上，只会让人画地为牢。相对的，一个快乐与自信的心灵，才可能创造奇迹，突破困境。

但是，自信是可以养成的，就像锻炼身体上的肌肉一样，自信也是我们心灵的一条肌肉，常常使用它，自信就能变得健壮。

自信就像肌肉，越锻炼越强壮

该怎么开始锻炼这条心灵肌肉？大家可以多练习自我对话，比如：“我可以！”“我能！”貌似简单，但这些自我暗示确实能让人的心里产生好的变化。每当有人问我：“Amy 你能做这件事吗？”“你可以参与这个计划吗？”只要那是我想做的事，我总是回答：“我可以！”“我愿意！”当我说出这些话的时候，脑子里已经运作、策划我可以如何进行这些事。

当我说出“我可以！”的时候，我的脑子就像是一个高效率的企划高手，很快端出方案，让我知道自己可以贡献什么。但是如果我回答的是：“哎呀，有点不行。”“可能没办法！”我的脑子就会转到不行的那个方向，突然间所有限制一齐涌现，原本不困难的事也显得困难无比了。

大家都该为自己的脑子调频，调到“我可以”“我能”的模式，让自己勇于尝试一直想做却不敢跨出第一步的事。当然，也许不可能一步到位，但是渐渐地，这个练习会为人生带来很多改变！

所有人在开悟之前都有很多自我否定、自我毁灭，我也经过那个阶段，一个习惯自我否定的人，生活中真是处处充满挫折。今年有一段时间我家里来了两位客人暂住，原本天天我都为他们张罗生活大小事，请他们吃饭什么的，但有天夜里因为我和小乔有饭局，客人们也想自己去逛逛，于是大家就分头行动。

夜里大家都回到家中，客人们就寝前看见我正在厨房里吃东西，他们有点难为情地问：“我们能吃点桌上的面包吗？逛了一晚上没看到想吃的，所以一直饿到现在。”

要是以前的我听到客人这么说，一定会内疚，觉得自己没有照顾好客人，才让他们喊饿，我觉得“人家肯定要不高兴呢”。现在的我不这么想了，客人们都是大人了，可以照顾自己，我为什么要内疚呢？

后来我怎么做呢？我把冰箱里的卤菜、包子端出来加热，笑吟吟地问客人“热腾腾的菜不是更好吃吗？你们要是愿意吃，那就吃吧。”他们喜出望外，吃得特别香，我也特别高兴，这不就是“深夜食堂”吗？我还告诉他们，有些东西就是得深夜 12 点钟吃才特别有滋味，现在回想起来，那个晚上特别温馨。

同样的情境，可能让我内疚，客人更难为情，宾主都不痛快；但一个转念，我创造了生活中的小幽默、小情调，让宾主随兴尽欢，这不是很好吗。

和自己站在一起，是唯一立场

选择支持自己，并不是让我们当个是非不分的人，而是要好好理解自己、尊重自己。很多人身心不一致，口是心非，不愿意承认自己，比如明明特别想要名牌包，但因为怕别人笑你虚荣，所以就宣称："唉呀，名牌包多俗气，是身外之物。"

自己都拒绝承认自己了，还会有谁认同你？还有些人工作上与人合作，明显地被欺负、被占便宜，还要忍气吞声，屈服于对方的权威，因为他们骨子里就是认为对方比自己重要，"与其让你不愉快，不如牺牲我自己"，这简直是自我的炮灰了。

我刚开始工作的时候，老是对自己不满意，常在收工后难过地哭了。每一回离职，也让我感到特别沮丧，我觉得自己有一箩筐缺点，觉得这个不好，那个也不好。其实没人扇我巴掌，没人骂我，以前的老板们还都夸我挺好的呢。

但我就是这么和自己过不去，老把自己当犯人一样的审问。

"你怎么当时不能再努力一下？"

"当时你干吗去了？"

并且我的心里非常不平静，不只有一种声音。当我指责自己之后，心里马上跳出另一种声音：“我都努力了！”接着又跳回严厉的立场：“才怪，你根本不够努力！”

内心的小剧场热闹得很，我们自个儿演得起劲，把力气花在这些纠结上，对事情本身并没有帮助，更是一种对自我的削弱。有这些力气为何不拿来自我提升？

就算要用批评自己的方式寻求进步，也得选定立场，必须想明白“批评的意义是什么”。比如当我想要反省、检讨，我就是自己的法官，我就会自问：“你说说自己，这件事情上有什么责任？好好提一下，五条不够，来十条！”

但有时我也会当起自己的辩护律师，这不是用来和外边的人争论、为自己卸责，而是如果真认为自己没做错，我就会找出证据来捍卫自己的利益和尊严，对自己说明“我是对的！”

所以，“我”永远是对的，当我们选择了一个立场，不论这个立场是肯定自己，还是检讨自己；或是面对多个选择时保持中立；还是心态持平，没有立场，选定了就好好思考分析，不要任由负面情绪将自己击垮，也不能一直摇摆不定，一下子是法官，一下子是律师。

就算要检讨自己，这个检讨也必须非常实际，不是用来打击自己，而是吸取宝贵的经验，拿来壮大自己，对未来才有真正的帮助。

Chapter 3.

/ 不要浪费时间在解释里

要成为一个有效率的人，必须有许多自我要求，“不说废话”就是其中一项，不要认为这很容易，事实上，我们的言谈经常流于讨论“因为”，特别是在犯错或必须拒绝别人的时候，要知道，对于遗憾来说，真正的补救是采取行动。

很多人做错事后会陷入一种麻木，不承认、不感受也不处理，总之什么也不做，或者是不断解释，但始终不面对“做错事”的结果。

解释沦为找借口，采取行动更实际

刚开始经营餐厅时，店里曾经有个员工，端酒的时候把酒洒在客人身上了，我事后知道了，把她叫到跟前来问：“你怎么处理？”她说：“我就走了。”

我非常讶异，赶忙再问：“这到底怎么一回事？为什么你就这样走了？”她说：“因为他站起来了，因为……”

其实事实就是她把酒洒在人家身上。That’s it（就是如此），这是一个明确又简单的事实，但她的陈述里始终不谈自己，而是一直说“因为客人……因为他……”其实我们可以做的后续补偿有很多，比如帮人家干洗衣服、给人家打折、道歉，等等，有好多事情可以做，但是很多人当下的反应不是直接补救，而是回避事实，一直解释：

“因为他站起来了。”

“因为有人叫我。”

“因为，因为……地面还不平呢。”

一件错事发生，总有很多理由，我认为造成错误的原因不是不能思考，但是更重要的是当下承认事实，并且马上采取行动，而不是把时间花在解释里。

比方客人要是嫌菜叶太生，你回应“不生”，这样反复解释下去毫无意义，因为那是客人的“感觉”，感觉是主观的，我们不能否定别人的感觉。身为餐厅经营者，面对客人投诉，最重要的是必须明白客人他这么说的“目的”是什么，我们可以如何补偿他。

“因为……所以……”这是一个大家惯用的思考模式，往往流于为已经造成的错误寻找卸责的借口，可是被我们犯错而影响到的人，比如对于那个投诉的客人，他们不会因为你的解释而观感好一点。

先说结论，让彼此更坦然

在商业合作上更是如此，有个常和我一起办活动的单位，接洽人员叫作小白，有一回他们要取消合作，小白打来电话，讲了很多“因为”，她还没解释完呢，我就直接告诉她：“小白算了，不要说了，你们不跟我合作了，是不是就这意思？”

为了要传达这个结果，她前面就拐弯抹角，如果我不打断她，可能讲了一个多小时以后，我还没明白她到底要干吗，到最后我才会知道原来他们不跟我合作了。

如果真是如此，我一定特生气，倒不如一开始就告诉我结果。先隐瞒结果，跟我说这么多原因是无济于事的。有些人认为这么直接的说法怕会让人伤心，但是对我来说，这个解除合作的事实，本来就会令我难过，如果对方还拐弯抹角，我只会更不高兴，因为“你不只让我伤心，还耽误我的时间！”

做人做事不能像翻书，前面的“因为”说了十页纸，最后一句话才告诉别人“所以结果如何”。特别是当双方沟通时，我认为与其开篇就解释“因为”，不如先讲“所以”。

以上面我和小白的例子来说，如果小白一开始就告诉我：“Amy，很抱歉我们不能合作了。”我尽管心里震惊，但接着就会主动追问：“哇，你能不能告诉我是什么事情，让我们无法合作了呢？”我可以马上引导这个事态。

如果小白一开始都在解释“因为”，那些“因为”百分百不是真正的原因，因为她想的是“不要让 Amy 难过”，相较之下，她要是一开始就把结果摊开来，双方都很坦然，让我可以实际地追问原因，我想知道我怎么作可以更好，让对方愿意改变心意跟我合作，这时候我还有一线机会。

当我把这个想法落实到生活上的时候，你想我可以节约多少时间？减少多少彼此之间的误会？

先说结果，再谈原因，或许对方才比较不会受伤，因为我们是很真诚、很坦然的。当我们了解到真正的原因后，还可以实时反馈给对方。我们彼此都不会有心理负担，也不会因为耽误时间而产生新的纠结与误会。

不说废话，务求当下尽力

除了避免无意义的解释，也要区分什么是真正的承诺，与无效的承诺（形同废话）。

我从来不让员工对我承诺：

“我会更努力的。”

“我下次会改正的。”

我自己也从不说这样的话，就像和人约了要见面，我不可能告诉对方：“我今天可能会在的”或“我应该会在”，如果我这么讲，对方怎么会对我有信心？“应该在”不就表示“还有可能不在吗”？

当别人要约我见面，问我有没有时间，我就只说“有”或“没有”，这样就可以了，在就是在，没有什么“应该在”。当员工告诉我：“下次一定不会犯错了”，我除了阻止他，还会说：“我相信你下次百分百会犯同样的错误。”当他说“下次”，那就表示可能还有犯错的时候，我只要他告诉我做到还是做不到？要做就做，不做，就别乱表决心。

面对事情，我们可以选择拒绝或接受，可以表示认同与不认同，可是一旦选择接受，决定要做，就没有借口。只要是承诺，就必须是百分百的，生活中无论事大事小，我都是这态度。即使有时候做不到，也会认赌服输，承认并接受这样的结果。

我总是动用我所有资源把承诺要做的事情做到最好，我绝对不会在事情都结束了，才说“当时要是如何如何就好了”，这是废话，“当下我已尽力”就是我的行动准则。

我这人不爱过度解释，所以也不太听别人解释过多，因为彼此都能节约时间和力气，当然这有时在态度上会显得粗暴一点，有些朋友笑我“这么不讲情面，当心招人恨”，但是我觉得这没有什么，比起不解释，我认为浪费彼此心力才是罪恶。

Chapter 4.

/ 学会自我管理，让你更有效率

在很多人眼中，我像是一条“八爪鱼”，一样的时间，别人做三件事，我可以完成五件事，甚至八件事！看起来不可思议，其实我只是懂得自我管理，以多年来悟出的四个秘诀，帮助自己在对的时间做对的事情，效率自然显现！

我是三间餐厅的老板，也是讲师，还运营一间书吧，常有人问我："你怎么有时间处理好那么多事啊？"我的确无法亲力亲为完成所有事，但我很能运用一些自我管理的秘诀，来帮助自己完成很多计划。

秘诀一：共同管理，更节约心力。

每个人身上都难免有些责任义务，只要这个责任义务是牵涉到他人，比如和丈夫、兄弟姐妹共同持家，我认为大家各司其职，或是平均分配责任义务，是很必要的。

例如我们的餐厅都有合伙人，依据个人所长，每个人都有负责的项目和事务，我就不再过度参与，顶多稍微了解一下基本财务和成本控制的相关情况，但基本上不介入例行的日常事务。

或者另一位合伙人，她开的咖啡店离"喜悦泰"望京店非常近，所以望京店多半让她来照看，她要是在，我就不用去。但有时店里若无人照看，我就一定会出现。小乔有时回美国，或者出差，我就会天天出现在店里。

共同管理的最大好处就在于彼此能取长补短，在管理上能够补强一人之见难免以偏概全的缺失。在彼此的生活上，因为责任分摊，大家能拥有更多余裕和自由，去经营家庭与个人生活，让创业之路走得更长远，何乐而不为呢?

秘诀二：专注做好一件事，就是最大的效率

很多人喜欢计算机同时开启很多分页，貌似同时处理许多件事，但结果经常是许多件事都收拾不下来，或是做得马马虎虎。为什么?如果你观察过自己如何运用时间，你会发现十分钟里面可能有七八分钟自己都心不在焉，只是对着计算机发呆，或者是做着A，却想着BCD等其他事要怎么处理。

对我来说，与其让自己分心做很多件事，不如专心把眼前最重要的事处理好。

心无旁骛是一种技术，长期以来我训练出自己，在一段时间内只专注一件事，把精力百分百地用在这上面。当然，我也会面临好多件重要任务在同一时间出现的状况。大约五年前，我和合伙人正在筹备“苏苏会”的时候，我个人也在筹备“彩虹书吧”的开幕，同时我还

接到翻译《4D 卓越团队》的稿约。

那一年的春节后，这三件事同时发生：过完年后我拿到《4D 卓越团队》的译稿签约；“苏苏会”已经装修完毕，正要请厨师试菜、招募员工，等等；彩虹书吧也是，春节之后正忙着设计装修。

当时我怎么做呢？每天早晨七点钟起床，把手机和计算机的网络全都关掉，我也告诉小乔，不要和我说话，早晨时光我要用来专心译书。吃点东西之后，我就开工，每天翻译六页纸，这一段时间内完全不想别的事，彻底沉浸在翻译工作里。一到十点，我就把这事放一边，把手机和计算机打开，回复好多电话和信息。

简单梳洗后我就出门，接着就一天不能回家了，正巧翻译稿中谈的都是管理组织的心法，我就在外出工作的过程中，尝试把翻译过的内容落实到管理上，等于我一边工作，一边还能回顾翻译内容、实验这些翻译内容，所以忙了一天后，隔天早上再翻开英文稿，毫无陌生感。

如此一来，我不仅在预定时间内完成了翻译的任务，也因为实验了书中的管理方式，“苏苏会”与彩虹书吧的营运设定也特别顺利。先专注做好翻译工作，让我的心情笃定，也因为深入了解书的内容，我把翻译工作与其他生活里的事情连结起来，堪称一举数得!

秘诀三：信守承诺，才懂得取舍

在社会上要成为一个靠谱的人，最重要的就是诚信，然而每天我们面对的选择这么多，貌似很难兑现每个承诺。就像我以前特别随性，人家说："Amy 我们一起吃个饭吧？" 我总欣然答应，但接下来可能就忙忘了，人家一开始会替我找理由"Amy挺忙的"，可是久了以后，别人一定隐隐约约有个想法："Amy就算答应了你，也不一定能做到。"现在如果有人问我是否可以吃个饭、见个面，我一定会认真核查时间，有时候，人家可能只是随意客套一下，看到我认真的样子反而感到诧异。我心里会想：你可以不认真，但是我不行。

所以信守承诺是很重要的，事实上，当我们能够坚守承诺，也就可以明白如何取舍眼前的每件事。

我在大约四年前开始训练自己，尽管同时有很多事情一起发生，还是要先做已经答应别人的事。例如今天我和客人约见面，突然也有一位好朋友或是特别大的领导想要见我，或是有一个特别好的课让我去当讲师，酬劳高达几万块钱，但我还是会把时间留给先约的人，心里没有任何挣扎。

面对这种情况，很多人心里总有一个念头“鱼与熊掌难以兼得”，认为放弃这么大的诱惑，是不是会遗憾？会后悔？“先前的约定好像没有那么重要，放弃了后面的机会和利益，太傻了吧？”

对我来说，四年来心里不曾有这种波澜。承诺是多么重要的一件事，一诺千金，再大的事情都没有承诺重要。

在生活中落实“一诺千金”，才能成为一个讲诚信的人。当你开餐厅、创业，把这个原则落实到企业上，将诚信贯彻到价格、材料、营销要求等营运设定上，你的企业才有可能取得长久的成功，所有人都会认同你和你的公司是表里一致的。

比如有时到了给供货商结账的日子，员工告诉我：“Amy 姐，今天特别忙，咱们能不能推到下周？”我说：“不可以，可以提前但绝不能延后，就像给员工工资，除非到万不得已，不能延后。”

这不是赚或赔的问题，而是“我已经承诺了”。决定哪件事情重要，不能只看利益，因为承诺的意义是无可比拟的。

当我用这个原则来管理餐厅，再加上我家小乔对于品质的极致追求，很多人告诉我："你的餐厅生意可以蒸蒸日上，就是因为质量始终如一，没有退步。"一个重视承诺的老板必然会不断回顾自己的承诺是否已经实现，就是这种自我检验保证了公司的永续经营。

很多公司的倒闭貌似突如其来，一夜之间楼起楼塌，但仔细想想，怎么可能是一夜呢？倒闭和建立一样，都是积少成多，是由很多事情累积起来的，如果我能够尽我所能地去信守承诺，就不会有崩塌的那一天。

此外，当我成为一个一诺千金的人，我做的事情就少了很多。好多人过度揽活，可能是要彰显一下自己很牛；也有人是过度承诺，想当"老好人"，不好意思拒绝人，结果揽了一堆事，做起来特别没劲！我因为时时对承诺警醒，内心反而变得很简单，一定要在乎答应过的事，做起事来就更带劲！

秘诀四：目标比细节更重要

对于细节的追求，是过犹不及，很多人过度注意细节，反而无法掌握整体；也有些人太疏忽细节，脑袋放得太空。

以前我也会掉在小细节里出不来，看这一个点还不够好，我就非要搞定它，要不然就不能干其他的事，这一来就耽搁了其他事的进度。现在，我做事情习惯制定一个大的格局，或大的系统、结构，我是管理这个格局，而不是钻进所有的细节。

为了管理这个系统，我会制定目标，一个大目标底下又分为若干个小目标，比如刚建立好一个组织或是推出一道新菜，就要制定一个核查与检验成效的过程，一个目标下分成若干个节点，这些节点到位了，就能实现大目标。

当我关注这些节点、目标是否到位时，也会时时回顾与展望，因为每个当下事态都可能产生变化，影响这些节点。比如组织里有人离职，有新人加入；新菜味道与价格都不错，但是因应季节，原料供应量有低有高，等等，每个节点发生变化的时候，我会放弃这些节点原来的目标，改成新目标，改变的思维在于“最终要完成大目标”。

所以，所谓的“管理系统而非管理细节”，这不是一个僵化的过程，而是时时都在动态中调整，把握重点就不用钻进小细节，才能节约时间与心力！

Chapter 5.

/ 三个情绪心法，让你更平衡

相对于男人擅长理性，感性则是女人的天赋。很多人会给感性贴上“情绪化”的标签，认为这是阻碍女人成功的因素，事实上，世间万物没有绝对好坏，但看如何应用。以下我分享三个心法，让大家明白，情绪可以是一种自我修养，透过这种修养，可以帮助我们得到内在的智慧，成功之路走得更为从容淡定。

懂得照顾自己的情绪，对女人来说特别重要。十多年前，若跟小乔吵架，可能会冷战七天不说话，把他当成空气一样，不理不睬；也可能大吵特吵，也不管有谁在眼前看着，我只想发泄我的情绪。

现在我还是有生气的时候，但是我懂得“打包”这些情绪了，当眼前还有更重要的事情得处理时，我会将情绪在心里先打个包，跟自己说：“我先忙任务了，等任务结束了再来好好处理这事。”我要保证情绪不会冒出来干扰我。

心法一：懂得打包，不让情绪阻碍正事

这六、七年来，懂得先搁置情绪之后，我不能说自己毫无负面情绪，但确实是毫无阻碍我行动的情绪存在了。

搁置情绪，不是否认它、压抑它，我会允许情绪获得一个空间，当我有能力和时间处理就会处理，但我不会在没有这些余裕的时候，还硬要和情绪拉扯，让情绪阻拦我前进。

以前我在情绪上非常失衡，不是恣意发泄，就是彻底压抑，好比饭局上，当我对所有话题都不感兴趣时，我还会刻意专心听人家讲话，

如果实在插不进话题，就会去帮主人整理收拾东西，帮忙照顾孩子，等等，因为我觉得我既然和大家“在”一起，我得要做一点力所能及的事。

但是现在我不会这么强迫自己参与。有一次在一个都是好朋友的饭局上，我心里有事，坐立难安，当我发现自己很痛苦，便决定要离场，饭局主人问为什么，我照实说了，承认心里有点难过。

没想到这一说，在场所有人都嚷着要帮忙，大家七嘴八舌为我想方设法，还拉着小乔也帮忙，我本来没想让他们帮助。一个小时过后，事情得到初步解决，其实话一说出口，我已经感觉到心开了，后来大家为我当啦啦队，我心里更觉得温暖幸福了，令我难过的事情也许最终还是遗憾收场，但是却意外收获了朋友的情意。

就算那一晚在饭局上我没说出来，我也是宁可离开，不让自己憋着心事硬待着。对我来说，这个离开是顾全了自己与他人，既照顾了自己的情绪，也不妨碍饭局，做人做事理当如此，不委屈自己，也尊重别人。

心法二：懂得不伤害的发泄，才能不抱怨

这么多年来，我不断学习情绪的平衡之道，我的心也是。情绪管理，并不是随着年纪增长就能自然做到。很多人貌似年纪大了就显得比较安稳，事实上是因为他们学会了压抑，并非真的心里没事。我认为压抑心情并不会对自己有帮助，相反的积累长久以后，身心状态必然要出事。

我容许自己在固定的时间会释放一下，比如某堂课或某个静心的修炼里面，我会让自己完全释放情绪。或者是有时候，我会告诉小乔："老公，我得哭一下。"然后就锁上房门一小时，在里头大哭、砸枕头。

刚开始做这个的时候，小乔要吓坏了，总急着问："宝贝我做错什么了？"我说："这只是我情绪的释放，并不是你的原因。"现在的我一年内还得有两三次这种发泄，在大哭的当下，我心里很清楚这些情绪不是来自一件特定的事，而是那段时间我让自己太累了，疲倦加上日常生活各种小小的不如意累积成可观的沮丧，其实这些沮丧被彻底发泄过后就消失了，我整个人特别平静、舒坦。

当我找到释放情绪与疲倦的方式后，我的心态就健康了，既不会

对老公肆意发泄，也不会无端对员工和朋友发泄。很多人倡导着一种遇事“宽容大度”的精神，“宽容大度”是否值得推崇，可能见仁见智，但是“宽容大度”往往流于逃避冲突、自我麻木，这是很肯定的，不少人选择宽容只是因为想要回避不愉快，才说服自己“别计较”。

但我认为，相较于逼自己宽容，事事忍让，懂得适时照顾自己的情绪，真实面对自我，才能真正成为“不抱怨的人”！

心法三：懂得觉察，锻炼宠辱不惊的智慧

年轻的时候，我认为情绪是我的一大缺点，有待改进；但是现在我倒认为，情绪像是引导我成长的上师，理解情绪、与情绪和平共处，成了我一生的修炼。

记得我父亲说过，我的人生有两大障碍：“一个是沾沾自喜，另一个就是好为人师。”沾沾自喜确实是情绪的一大障碍，太长时间沉浸在成功的喜悦里，没有必要；但是过度沉浸在抑郁与悲伤里，也没有意义。

情绪来时，深深感受过，就应该要放下，人生从来不会停下脚步，

允许悲与喜全然地释放，因为这些情绪必然要过去，留下来的只有原本的自己。

在狂喜狂悲中观察自己的情绪，犹如潮起潮落，浪涛是一时的，但大海永远是大海。理解到这一点，还有什么放不下？以前，每当别人瞧不起我，我会特别想证明给对方看，但是现在我想的却是“我有什么地方可以再提升？”如果被轻视的那些地方根本不是我所在意的，那就算了，随他去吧。

世界上最需要在意的评价是自己给自己的，太过在意他人的评价是一种危险，因为这种自我提升的动机是来自他人。如果我们是因为要得到他人称赞，所以才表现好，最终也只能随波逐流，因为我们不是真心要追求卓越。“获得别人称赞”与“追求卓越”其实是两回事，特别容易使人迷失。

其实每个人的内在都有高度的智慧，足以衡量自己的好与坏，只是还没开悟的人不知道人生的钥匙在自己心里；开悟的人懂得追求心所向往的境界。

当我明白自己想要追求的是什么，我就获得了一种从容淡定。现在使我产生激烈情绪的可能性非常小，要是有人特别讨厌我、恨我，我也不知道怎么办，就随他去。因为我处事越来越冷静，所以做事的效率也不断提升。

这些年我连和朋友倾诉坏心情的次数都少了，内心常常就空了，什么事也没有。我会听朋友说一些心事，心想："哇，她真是感情丰富，有这么一些小心事"，但我只是听，因为每个人其实都有自己的智慧。

我给朋友的建议，他们不见得愿意做，可能也做不了，但我就是倾听，我很愿意安静地倾听朋友们讲述一些困惑、难过的事。但是，如果有朋友一直强调他的心情很糟，很伤心或者很愤怒，我就算陪着他发泄情绪，也一定会问对方："你究竟想要什么呢？"隐藏在情绪背后的，真正渴求的事物，那才是引领我们自我成长的钥匙。

Chapter 6.

/做人得有点“神叨”

谁的生命里没有一些困惑？人生每个阶段里都有不同的课题，也许不见得困难来临时，身边都有贵人、师长为我们打气。但是冥冥之中，一定会有一些无形的鼓励引导我们该往哪去，每个人都有这种本能，去感受“神叨”的祝福。

在我还在给人打工的那段日子里，虽然我表现得还不错，主管给我的评价、和我的薪水表现，等等，都可以证明我的能力，但是两年换一个工作，不停跨界的频率，让我产生很多自责，我经常责怪自己："怎么这么不稳定，这么不长久？变来变去！"甚至我自己都觉得自己不靠谱了。

"神叨"开启我的自疗之旅

后来当我开始接触心理学、身心灵领域的时候，我学了生命数字，分析自己，发现我的生日数字是5。5代表了创意、变化、五感、好奇，还有冒险，自由更是5的核心。我这才醒悟到："哇，原来我生下来就是这样，是天命如此。"于是我开始接受了自己的本性，我了解到原来我乐于不断尝试新的东西，是源于天性的一种驱动力。

一边学习，我也一边为人看生命数字。

比如某一次我看到一位领导者，他的生命数字是1，但是他的1是在整个数字结构下面的，所以1虽然代表着权威、领导，但是他这个人给人的印象是非常谨慎、保守的，我知道他在压抑着本性中的张扬。我问他："你为什么要压抑你原本的个性？"他听后非常讶异，说我太神奇了，我告诉他：

"其实不是我神奇，而是按照这个理论来讲，你本来是这样的。"

"确实是这样，我一直害怕发出内心真实的声音。"

"如果让这个个性显现会怎样呢？为何不试一试？也许你会发现结果并没有你想得那么差。"

"原来我可以这样！"

"你当然可以！"

我鼓励他释放一下他张扬的本性，他笑得好开心。我为很多朋友分析生命数字的时候，看到很多这样的笑容，像是多年心事终于有人知晓。

我发现这些"神奇"的理论，像中国的《易经》，西方的生命数字，等等，这样一套体系可以帮助我问别人一些问题，然后引导他们反思自己。不过，不管是塔罗也好，生命数字也好，我学了之后就搁置一旁，因为我知道这不是我要做的职业。

放下工具，感受生活中的启示

这些工具有种足以启发人的形式，我在这种形式下，去讲每一个人在不同的时候都会遇到的生命课题。其实并不是我需要这个工具，而是我用这个工具让别人放心去感受老天爷给的祝福，这个祝福本来就是写在每个人生命里面的，真正神奇的是人本身，而不是我，我只是一个媒介。

看了太多人的生命数字以后，我就停止不再看了。那时我开始做一个新的练习，这个练习让我体会到生命更核心的部分。

我练习让自己和眼前的人事物合一，与人合一，与一片树叶合一，和一朵花合一。“合一”是什么意思呢？就是字面上的意思，专心的感受眼前的生命，像是活在那个生命里面一样，比如深深地凝视一朵花，感受它的枝干，感受它在想什么，感受它的生命，就像我们一样，曾经是父母呵护的宝贝，一路上经历了很多很多，才成为现在的模样。

刚开始练习合一的时候，我还在给人看生命数字，一边看着生命数字，一边与对方合一。当我真的去接受对方，和他心灵相通时，我能感受到他在此时此刻的生命阶段正在体验些什么。而生命数字只是不断地印证我和对方合一时，脑中闪现的画面。当我说出我对他的想法，对方总会惊讶地说：“你怎么知道？”

我发现人这一生的每个经历都是一个印记，我心中连结到对方的时候，会闪现某一句话或某个眼神、某个场景，这些细微末节里面还包含了对方的生命能量，貌似都是小事，却是影响深远，也许他自己都没有察觉。

生命中很多细微的片段，都会在人们的灵魂里留下印记，埋下一些信念的种子。当我感受到这一点，我想到如果我可以剥开对方信念中的一些种子，让这些种子有机会浮现到对方的意识层面，开花结果，他的生命一定可以更丰富、更精彩。

很多人一定不知道原来自己生命里有那么多潜能和祝福，等着自己去开启。

对我来说，这些“神叨”的形式，是生命数字也好，是《易经》也好，它们的意义皆不只是他们本身，而是透过这些形式，让我们知道“原来我可以做这个，还可以做那个，只要我愿意去做、去学习。”

每个人都有权威、张扬、自信、方向感与创造力，等等各种潜能，但是没有人能完全发挥这些能量。假设我发现自己的“命盘”中创造力弱了些，但是我还是可以透过后天不断地学习、激发，来培养出创造力。

事在人为，幸福始于迈开追求的脚步

生命本身没有局限，学习这些“神叨”以后，我更不认为人只能活在宿命里，我也更坚定了事在人为的想法，更相信自己的判断力。我相信所有人都可以用自己的智慧、愿意不断学习的毅力来与这个世界比拼！

所以后来我放下了所有学习过的“神叨”工具，因为我知道了“解读”与“感受”才是核心，每个人都可以把自己的感知打开，去感受身边的人事物，感受他们要告诉你什么。

比如当我例行查看自己的餐厅，我不见得要把菜全部吃进嘴里才能知道菜的好坏，更多时候我是很专心地看着这些菜和整个用餐场所，去感受这一切。大部分时候菜与场所的状态都是 OK 的，但的确有些时候，我会感觉到那些菜很闷，接着我会考虑是否应该关心一下厨师和工作人员，问问他们这阵子过得还好吗?

我认为所谓的“天意”，不是一个多么复杂难懂，我们必须去花大价钱算命才能明白的讯息，事实上我们的生活周围，处处都闪现着重要的讯息。

假设我正和别人在车上讨论一个计划，忽然前方出现一个车牌包含数字“111”，我就知道了“这件事的方向是正确的，天使数字告诉我我的想法可以立即得到实现”，或是当我遇到了困难的事情，突然附近出现了“333”这个数字，我立马就安心了，因为“天使会给予我保护、爱与指引”。

有时候我觉得自己好累，就在这时候看到窗外郁郁葱葱的树，我就知道“I’m OK！还可以撑下去”；有时候我想要努力撑着，忽然眼前出现一片枯萎的树，像是烧焦一样，那就是提醒我“算了，休息吧，都已经没劲了。”

这些郁郁葱葱的树、枯萎的树，它们也是一种塔罗，也是一种生命数字，是某种“神叨”，说明生命可以在世间万物上显现。

最早开始学习这些“神叨”的时候，我并不知道我要学什么，也不知道我学来要干什么，但我就是先学一些形式，比如弄明白塔罗里面的“令牌”“轮”是什么意思，生命数字又是如何，等等。慢慢地，当我看着别的事物，我心想那样的一个弧度不也是一个轮吗？我内心的塔罗的意象，其实可以透过很多生活中的景色来显化。

或者，我透过学习“Aura-Soma 灵性彩油”知道了色彩的道理，这个道理也可以放到生活里面。倘若我今天想要宁静，我就穿蓝色的衣服,如果我今天需要张扬一下,就穿红色的衣服,这一切是很自然的。

有些所谓灵性的东西，都可以把它们转化为生活中的原素，不需要流于形式上。很多人听我谈这些，总会说：“你落地一下，别老说天上的事”，可是哪有那么多天上的事？天上的事就像一池湖水的倒影，全都印在地面，“天上如斯，地上如是。As above，so below”，天与地是互相应合的。

我并不是说一天 24 小时都要保持全然的觉察，我猜除了开悟的先人外，无人能如此。我们更需要感受这个世界对自己的祝福，这是一种自我鼓励，因为朋友家人不会随时都在我们身边为我们打气，我们得自己帮自己。在每天脚踏实地的生活中，的确会存在一些冥冥中的感受，给予我们善意的提醒和支持，如果把自己的心封闭起来，不去感受，这是很可惜的。

每个人都有自己得到“神叨”的方式，却不必执着于要用哪种方式。印度的一个神秘学大师曾经提醒过人们：“如果太依赖指着月亮的手指，反而会忘记用自己的翅膀飞向月亮。”第一次听到这个说法，我觉得好感动，潸然泪下，因为这也是我的信念。

天上的月亮好远，可是我还是有机会感受高高在上的它，我可以捧着一盆水看月亮的倒影，或者我就望着星空，去感受月亮在我心里。无论我们要追求灵性，追求自由或者追求任何美好，当我们开始追求，我们就得到了，这个美好已经在我们身上体现了。

天上的月亮好远，可是我还是有机会感受高高在上的它，我可以捧着一盆水看月亮的倒影，或者我就望着星空，去感受月亮在我心里。

PART 4

与各种关系交好 /

Chapter 1.

/ 活好人生的三个圆圈

在演讲时，我常会提到我的“三个圆圈”理论：即用三个圆圈让自己很有觉知地活着。

其实不只是人生，我认为想要经营出好的事业，也必须活好这三个圆。

人生有三个圆，一个是我，一个是他人，一个是世界。这三个圆势必彼此交集、重叠。三个圆重叠的部分，组成了“人生的圆”，没有任何人的人生可以真正逃避这三件事的交集。

有些人自认人生里只有自我，或是像有些做母亲的人，眼里只有自己和孩子（他人），这样的认知是不够的，太局限了，有一天必然要失衡，会受到外界的冲击。

当我人生的圈圈里面，有我、有他人，也有世界的时候，我才能成为一个比较完整的人。

这三个圈圈之间有很多互动。以我来说，在家里，我是一个女人，我的“他人”是我的丈夫小乔，在家里我们是一对夫妻；但是当场景变成我们共同经营的餐厅“苏苏会”，我的身份是领导者，小乔则是我的合作伙伴，我和他的关系就不只是夫妻了；当小乔需要一个人去交流思想的时候，我又成为他最好的朋友。情境变了，我们的相互关系也跟着改变了。

三个圆圈，重叠出人生的圆

这三个圆圈，让我时常保持一种自我的觉知，时时对自己发问，比如：

我是谁？

我是怎么看待这个世界的？

当我用不同的方法看待这个世界，这个世界又给予我什么回应？

当这个圈处在不同的情境里面时，我与对方的关系是什么？

借着这些自问，我不断提醒自己，在什么样的位置上该做哪些事。

从领导者的角度出发时，餐厅是我和合伙人还有员工共同创造的作品，如果大家很喜欢它，并且我收到了这个回应，我就会有一种归属感。

从餐厅角度出发时，我会考虑，餐厅里面的人应该有怎么样的一个互动关系？我与合伙人都认同这个互动关系应该是尊重与感谢，我们共同创造的环境与服务都在尊重这些客人，感谢这些客人，而客人在回馈时也说，他们对这个餐厅也充满感谢与欣赏。从目前的回馈看来，这个餐厅与世界的互动是 OK 的。

我认为，“自我”的定义是透过我与他人、世界的三方互动来确认的，绝对不是只有自我感觉很好就可以。“他人”“世界”好比另外两面镜子，我们每一天都得照着镜子，才知道如何调整自己。是“他人”给了我身份，是“世界”给了我情境，让我知道如何做出抉择，有了这两面镜子，自我才得以完整。

以他人为镜，以世界为镜

以前我会自我投射，以为世界就是自己想的那样，所以我不懂如何在适当的情境下，适当的表达自我。现在的我就活得比较清楚，因为我停止了这种自我投射，时常思考这两面镜子，让我能够确认自己处在什么样的一种关系中；让我可以用恰当的话语，适当的身份，做适合的事，尽可能地节约能量，尽量不多做也不少做。

什么是不多做也不少做呢？以开餐厅为例，每次去演讲时，常有听众问我是否做过市场调查？不能说没做，只是我在开店初期的调查，不是像别人找来一堆数据去分析，我是用“世界”的这面镜子来估量开店需要的准备。

“世界”的这面镜子指的就是环境考虑，比如选“喜悦泰”望京店的地址时，我会看一下周边店家是哪些？这些大楼里有什么公司？如果附近有中国餐厅、意大利餐厅、日本餐厅，那我就知道这儿的整体气氛是多元化、国际化的。

附近餐厅的价格是什么？客户的接受程度如何？我们附近有特别贵的餐厅，但我们不打算卖特贵的菜；也有特便宜的快餐店，但那也不是我们的定位。这么一来，我们该如何为自己定调呢？

看看隔壁的店面，是一间在北京非常成功的意大利餐厅，我发现这家餐厅的价位、各种营运设定，百分之八十是和我差不多的，既然他们成功地运营着，那我们要在这里站稳脚步，就不会太难。

找一个与自己相近的参照点，这个比对就可以相对而言准确，几乎不用再多考虑其他细节。当这个客观的物质世界已经决定了，接着看“他人”，这附近的上班族看起来年轻、时髦，他们有特别开放的心胸，接受度很高，的确是我们最期待的目标客群。

有人也问我，既然上班族是目标客户群，为何不去中关村，那里人更多？我说现在还不行，中关村里面都是科技人才，他们很年轻，我也很喜欢这些人，但相对之下他们是比较沉浸在自己世界里面的人，不见得会赏识我们营造的情境。我们又不擅长他们所熟识的推广模式，进入那里还真不是时候。

以中关村的环境来说，这个“世界”是OK的；以人来说，他们的收入还有生活习惯，也是OK的，但是这群人目前不是适合我餐厅的风格，如果非要开餐厅的话，也可以做，但是会勉强很多。

我们的团队这么辛苦去营造一种风格，去创造一个世界，我还是希望客人除了吃饱喝足，掏钱买单之外，能够欣赏并融入餐厅的整体气氛中。

客人从一进门开始，就觉得他们进对了地方，这才是最重要的。这样客人和餐厅的整体环境才是和谐的。

所以，如果懂得自我观照，有时候不必等到回馈时，就已经可以预期结果了。我们餐厅的菜好吃，但是我不会因此自我感觉良好，认为所有上班族都爱来我们的餐厅。透过世界与他人这两面镜子，我已经知道什么样的人群是我们较为容易能融入的人群，什么样的人群也许需要经过一番调整后才可以，这样的餐厅还是可以经营的，但是势必比较辛苦，所以我就不考虑了。

三情相悦，才能活得特别明白

有人说：“你开个店还挑这个？”

我说当然要考虑这些，如果想要成功，“自我”“世界”“他人”这三者是要同时成立的，三情必须相悦。因为并不是我把菜塞到别人嘴里，别人就会吃下去，就算硬吃了，没有正中下怀，那个满足感也是不够的。

很多人做人做事，看不清自己，就是因为没有考虑到这些事，人的定位不是自己给自己的，说自己值 20 万一天，当然可以，谁也不会无故否认你，但是有价无市，开了价也是枉然。但认为自己只值 100 块钱一天？那也不对，这是低估自己。

你究竟值多少钱？是世界给你的，是你验证出来的，而不是自己说了算的。创业的时候，貌似是老板自己在定价，可事实上是世界让老板定的价，或是客人让老板定的价，客人愿意付这个钱来到这里享受这个环境，这个价格就成立。

就算找到一个已经成功的参照点，这个参照点和自己之间，还是有个区间的，这个区间要怎么调整，老板自己得花心思去规划。

评估是方方面面的综合考虑，有时候，客户反应特别好，但实际情境是我们必须达到每个月的营收目标才行。所以虽然我与客户两情相悦，但若这个情境下的营收目标无法达成，这个地方就不合适。有些人会努力盲目地撑下去，想要等转机出现，但也许这是一个幻想。

这个环境要不要你来，是很现实的问题，我们必须活得明白，事业才能经营得长久。

生命不是让你安排好的，但你多认识了一个人，未来就能多一条路。

Chapter 2.

/懂做人，才会做事

对我而言，选合伙人比选老公难。婚姻可以分分合合，但是合伙一旦拆伙，往往很难重新合作，因为双方心结太深。但这并不代表合伙不可行，运用一些简单而清楚的逻辑，就可以帮助自己选到对的人。

每一次演讲过后，总会有许多女性围上前，和我讨论女性在创业中遇到的种种问题，最主要的就是“人”的问题，女性心思细腻，优点是能主动瞻前顾后，但缺点就是太过婆婆妈妈，不知道什么是重点，下不了决心。

我并没有这问题，多年的社会经验打磨出我果断、不犹豫的性格，我认为做生意就是做人，一个人品好的人，做起事来多半差不到哪儿去；懂得挑一个人品好的合作对象，事情就成功了一半。

什么样的人品才算得上好？也许见仁见智，对于我这么一个餐厅老板来说，选合伙人的标准相当简单：

三个条件，选出对的人

首先他得是个“吃货”，必须特别会做饭、懂吃、吃得好又吃得多。这不是我在说笑话，一个爱吃又懂吃的人必然热爱生命，当我的合伙人必须热爱生命。

其次，我会看这人有没有爱人的能力，也就是他与亲人、爱人的关系，比如他对父母孝顺吗？关心他的孩子、太太吗？对同事好吗？

如果这个人连亲人和爱人都不尊重的话，他怎么可能尊重我？如果他连孩子病了都不理睬，怎么可能关心我？

第三条，这个合伙人必须“听我的”。所谓“听我的”，意思是他是可以全然放手、信任我。如果他整天批判我这个不对，那个不好，这背后核心的问题在于他无法信任我。我认为信任是双向的，不是单方面的，如果一个人敢彻底信任我，那么他也值得我彻底信任他，反之亦然。

综合这三条，这个合伙人就是一个“热爱生命、能爱自己也能爱他人、讲诚信”的人，看起来挺简单，但也不容易，这世界上有多少人是这样子的？

比如有人觉得自己挺能爱人，但是因为女朋友或男朋友长得好看，就不准对方和别人说话，限制对方的交友自由，这个爱是很畸形的，这不是爱人，而是控制。

又比如，“热爱生命”其实也等于热爱生活情趣，跟一个没有生活情趣的人一起共事，那真是一种枯燥的灾难，跟他说我们去印度静心吧；一起去慈善单位帮忙吧；或是今天天气这么好，我们去爬爬山吧，等等，他全没兴致，那么他做的事情本身能多有趣、多吸引人呢？

还有人听见我说合伙人“得听我的”，就觉得我很霸道。当然，我是个性格强势的女人，和我合作必须了解这一点。但是也有人认为我这是“自信、担当、负责任”的表现，开一间餐厅要做多少决定？每天发生多少情况？如果对于每个问题，我都回答“不知道”“不确定”，哪个合伙人敢把钱交给我？

我选合伙人的原则非常清楚明确，但是看完这三条，也许有人要急着问了：“钱呢？钱也很重要吧！”钱自然有钱的地位，但是我认为钱的地位也没大家想象得那么高，如果找人合作只看钱的话，有钱的人可太多了！（银行还可以让人贷款呢！）

只看钱，就看不到真正的价值

有钱人那么多，却也不是每个有钱人做生意都能成功，可见钱不是一桩生意成功的绝对关键。然而，钱，却可以成为一个反指标，让我们用来扪心自问，一件事情真正的价值何在？

举个例，喜悦泰 CBD 餐厅装修的最后阶段，那时候我们的店长正在找酒水供货商，有天店里来了一个人，我给他开门，顺势问候了一声“您好”，但这人看也不看我，劈头就问：“经理呢？”

我离开现场，让店长出面谈话，等他们谈完之后，我问店长：

“他是干吗的？”

“是我们店里的酒水供货商。”

“不许用他们的酒。”

“可是他们的价格很合适。”

我坚持不和他合作。第一，什么叫“价格合适”？现在市场竞争这么激烈，供货商之间的价格相差也就几块钱上下，差不了多少。但是我们是服务业，我给他开门，好歹也应该说声“谢谢，请问……”之类的，连这点基本的服务礼貌都没有，我们怎么能够与这样的人合作呢？

第二，这样的人，我怎么能够期待他把力气放在服务与做事上，假设客户办活动，突然发现少了一瓶酒，如果我是酒水供货商，哪怕要花 50 块钱打车也要把这瓶酒送过去，虽然送这瓶酒花了 50 块钱，到头来可能只赚两块钱，但客户最重要，这一趟亏钱也得做。如果是像他这样势利的人，我还能期待他给予一些额外的服务，或者真心的服务吗？

只看钱，是没有办法选出适当的合作对象的，经营公司也无法只看金钱收益。就拿开餐厅来说，以前我也希望所有的客人都喜欢我们的店，但是后来我发现，我宁可把时间拿来服务爱我们的人、我们爱的人，何苦把时间用在专找麻烦的人身上呢？

有的客人说："不喜欢你们的菜"，我的态度是认了，我不会辩解什么，更不会为了客人一句话就改变菜品，"不喜欢就请您别来吧。"因为我不可能做到让每一个人都喜欢。

还有客人说："我看你们就一个小店，还要订位啊？"我说："是啊，用餐高峰时段，大家都订位了，您不订位，那只能看现场有没有空位了，或是在人少的时段来吃饭。"

还有人埋怨我们放假太多，五一和十一都放假；春节还放将近三个星期，他们特别不高兴："为什么你们要放这么长的假？"我说："每家店都有自己的时间安排，我们是依据自己的需要而定。"

这一盘生意，回馈的是幸福

“苏苏会”现在依旧保持着节假日关门的传统，很多人不理解，其实我自己偶尔也会觉得，如果开门营业，每个月会多出不少的营业收入。但是不会因为多了这些钱，我们就更幸福。“苏苏会”的位置以及装修特点，整体气氛就像一个家。我们会时不时地安排全体员工一起吃饭聊天，如果失去了例行休假，我们也就失去这个宝贵的休息时间了。

做任何事，如果要以牺牲自己的感受和幸福作为代价，那肯定做不长久。我开餐厅不是为了证明什么，不是为了多开几家店，为了更有钱，我不会因为钱就牺牲自己和员工的生活质量、服务质量。

开餐厅赚钱并不容易，比如我若只做领导力的讲师，其实比开餐厅要单纯得多，我不用张罗这么多人事物。可是生活也必然比现在枯燥许多。

我既不缺挣钱的本领，性格也果断，偶尔极度自我，做事不需要别人给我什么建议，为何还要与人合伙开餐厅？这就像我一个人过日子也没有问题，不需要老公，那为什么还要嫁人呢？

因为我不喜欢一个人做事，我喜欢有合伙人，倒不是需要他们一定要帮我什么，而是我喜欢和大家在一起。我设定的餐厅与书吧的无线网密码是 171717，因为“我喜欢大家在一起”。Togetherness（患难与共），就是分享。当你成功了，一个人享受成功和一群人分享成功，那感觉是很不同的。

一个人吃一盘菜，和四个人分着吃，那滋味是完全不一样的，是四倍的好吃。幸福要分享才能加倍，我和人合伙做生意，不是为了赚更多钱，而是我想要为自己与别人创造更多幸福！

Chapter 3.

/ Finding Nemo，帮助员工成为千里马

很多老板聚在一起，常抱怨人才难寻，我好像是运气特别好，身边总不乏能力与人品皆属上乘的员工。事实上，与其说我别具慧眼，能找到完美的员工，不如说我有成人之美的本事，总能帮助员工成为千里马。

我的餐厅除了菜品好、环境好，很多客人都很喜欢我们的员工，经常有人问我：

“你是从哪找来这么多人才？”

“北京最牛的人才都在你这儿了吗？”

“为什么他们看上去总是这么开心？”

这问题真不好回答，我其实不是“找”人才，而是“培养”人才。在我的用人经验里，千里马是可以造就的，我的目标不是找一个完美的员工，而是找到一个合适的人，让他向完美发展，并且超过我的期待。

有部动画电影叫作《Finding Nemo》（海底总动员），小丑鱼透过一连串的经历和考验，从一个孩子成为成熟勇敢的大人，从我开始创业的这八年来，就是我寻找小丑鱼的过程。

■ 伯乐要能成人之美，栋梁之材需靠栽培

很多老板、领导者都想发现千里马，我认为在此之前，老板们得先问问自己：

“我是否是个愿意付出的伯乐？”

“我对千里马付出，是纯粹欣赏，还是总想着日后得到回报？”

一般人认为伯乐因为独具慧眼，才能发现千里马，但在我看来，伯乐与千里马的关系也许更像是园丁守护着种子，种子得经过悉心灌溉、照料，才能好好成长，成为栋梁。

园丁的责任就是必须为种子创造好的环境，我常说我创业开餐厅是为了给我和员工创造更多的幸福，这不是空谈，我真的可以做到这一点，我为了员工，开了一间餐厅，这间餐厅就是“喜悦泰”。

“喜悦泰”的缘起，和小唐有关。我过去曾经与其他几个合伙人创办了一个小泰国餐馆，如果那时没有 24 岁的小唐答应我成为厨师长，我根本不会进入餐饮行业，也就没有后来的“苏苏会”和“喜悦泰”。他就是那个时期的核心人物，而且特别能干。后来合伙人和我拆伙，而小唐也面临着何去何从的问题。

小唐和我一直保持着情谊，在此之前我们之间没有什么心结，一直对彼此保持坦诚。还在那个小餐厅工作的时候，他就告诉我他想自己创业，要问问我的意见，我提出 12 个问题让他回答，大致如下：

你想投资多少钱?

资金来源是什么?

到了第三个月的时候，投资超过预期，怎么办?

客群是什么样的?

怎么规划菜品?

合伙人为什么找你?因为你能力好吗?

怎么建立市场?

你这间餐厅想给人什么感觉?

这些问题是很基本的创业问题，我告诉他，“如果你都能给出很明确的答案，让我听了怦然心动，那我也要投资你。”我特别交代他：“你这五、六十万可不是天上掉下来的，而是累积出来的辛苦钱，咱都是普通人家的孩子，不能不谨慎。”

小唐拿着这些问题回去了，第二周又来问我；我再给他一些问题，第三周他再来，直接说：“Amy 姐我开不了。”我还没有问到最最核心的问题，他已经觉得他自己开不了店了。

就在小唐放弃创业的时候，我恰好在和我那间餐厅的合伙人在谈拆伙。小唐是核心成员，我就跟他讲：

“投资要谨慎，跟人也要谨慎。”

“因为咱俩交情好，我们两家家庭的关系也好，这并不代表你就应该跟我，我已经有‘苏苏会’了，你跟着我，我们又要从零开始，风险还是很大的。你要如何选择？”

他回答：“Amy 姐，我愿意跟你们在一起，能不能一起做这事。”

事有凑巧，我的朋友 Joyce（乔伊斯）有个合适的店面，也找我谈想开泰国餐厅，所以我说：“好吧，小唐你来帮我开个泰国餐厅。”这个店面后来就是“喜悦泰”的第一间店，开店两年来，小唐真的是从无到有，一手把一间店给张罗起来。

只要肯学，农村孩子也能成为股东

小唐和我认识九年了，最初他只是个农村来的孩子，但是特别肯学，我告诉他很多经营餐厅的想法和观念，他从来不说“我就干我的活，不想听这个”，而是始终愿意跟着我一起进步。

两年前我告诉他：“你一直想自己开店，这次入股的钱不算多，你就一起入股吧！”他听了好开心，工作得更起劲了。“喜悦泰”一开店就瞬间成功，所有营运该做的设定在开店前就到位了，看起来像个成熟的餐厅品牌，根本不像一间新店，有谁想象得到打理整间店的灵魂人物小唐，就是来自那间小小的泰国餐馆。

从以前的小店，到现在成功的大店，这种蜕变说明了过去九年来我对他的培养以及他自己执着的努力是分不开的。看到他现在能独当一面了，我觉得为了他开“喜悦泰”真是值了！

培养人才不是一天就能完成的事情，是一个长期的过程。当小唐还在之前的小店里当厨师长时，我就常常跟他分享高档次餐厅里该有的营运意识、营运规划以及我的梦想与期待，如果没有这些年来我潜移默化的影响，等到准备开“喜悦泰”之前才告诉他这些，肯定来不及，毕竟人的成熟不是一夕之间的事。

让有潜力的员工有机会学习，有舞台能表现，这也许还在大家的理解范围内。但我做得不仅仅是这些，遇到有潜力成为千里马的人才，就算他不是我的员工，我也愿意帮助他学习！

Nemo（尼莫），就是这样的一个案例，我可不是开玩笑，我们“喜悦泰”第二间店的店长就叫作 Nemo，最初认识他的时候，我并不是他的老板。

真人版 Nemo，就算不是员工也愿意栽培他

大约三、四年前，那时候我需要一个当店经理的人才，身边有位朋友曾经是北京一家知名餐厅的经理，那餐厅几乎是北京最牛的餐厅了，她向我推荐三个人选，这三个人都算是那家餐厅的老员工。

说实话这三个人都好，我后来选了其中之一 Sony（索尼）成为了“苏苏会”的经理，我对这个选择非常满意。但说实话，在那次面试的过程中，我其实对 Nemo 的印象最深。

一开始我给面试者一个个打电话征询意愿的时候，Nemo 就告诉我：“我在外地旅行呢，而且我已经找到工作了。”但我说：“希望你旅游回来后，还是能跟我见个面，既然别人这么夸你，我真想知道这么优秀的人是什么样子。可以吗？”结果 Nemo 真的来见我，我请他喝了杯酒，我们就聊起来了。

他说：“Amy 姐，我不能来你这儿，我现在已经接受了一家高级

餐厅的工作，在五星级酒店里，我需要看到五星级酒店里是怎么管理，我要学习。”

那一年五月他要去新餐厅报到，喜悦泰要六月份才开张，不过我告诉他：

“我特别感谢你这样说，如果你已经拿到一个 Offer（录用通知），却因为我的工资高或者因为机会好，你就不去了，我可是会对你有很多疑虑的。”

“这样吧，你在饭店的工作之余，有空来店里支持我们吧。”

我欣赏好学的人，听到 Nemo 想要学习大饭店里的营运实务，我觉得这孩子真的很上进，我也想给他机会。他接受了我的提议，他决定每周到我们的餐厅里做一天。我还告诉他，等见识过五星级饭店的管理方式后，他还是可以到我这儿来工作。

我们就这样开始合作，两年之后，他打电话给我，当时我正在筹备喜悦泰的第二间店，店面刚签好合约。

“Amy 姐，公司要给我升职进行管理培训了，通过了就会在国内国外各个岗位当经理，如果我接受了，就不能出来再接工作了，你有工作给我吗？”

“我正打算给你打电话。我有一个新的店，你也工作两年了，可以出来了。”

缘分就是这么巧，我准备要开新店的时候，他问了我，于是我们就谈妥，六月份他提出辞职，九月份他来我这儿上班。

对我来讲，他在别的地方学习，接受专业的培训，但同时他有空的时候到我店里来帮忙，两年左右的时间里，他已经了解了我的性格、想法、我餐厅的风格，所以他后来到我这儿来当正职就不需要磨合期，来了以后马上上手，立刻就能独当一面。

Nemo 毕竟也经历了五星级饭店里餐厅开张的那段时期，对于开店的准备，他胸有成竹，什么都知道，我们这边的人他也全认识，九月份他来当见习经理，十一月店开幕的时候，在竞争激烈的世贸天阶商圈，竟然没有人认为我们是新餐厅。

“喜悦泰”第二间店开幕第一天就客满，开张第一天就有排队候餐的盛况，第一个月的营业表现在商圈名列前茅，Nemo 自己也惊叹，他做过这么多餐厅，少有第一天就能做得这么好的店。

对我来讲，我其实无法预见这么多未来，我每一次开店、用人都能不慌不忙是因为，不管是不是我开这个餐厅，我都愿意让年轻人学习。

以 Nemo 来说，就算他后来没来我这儿，或是未来如果离开了我这儿，无论如何我都会谢谢他，在他这么青春的时候，他为我工作了这些年，奉献给我许多。我觉得我有责任，让他从我们的餐厅学到一点东西，带走一些收获。

没有人喜欢被利用，我当然无法事先知道未来还有餐厅要开，但是当我敞开心胸，提供机会让年轻人学习的时候，最终得到好处最多的人还是我。很多人问我怎么找到这么合适的人，我还真不是找到的，我只是对一路遇到谈得来的人才，都愿意真诚以对，我不计较对欣赏的人付出。

生命不是让你安排好的，但你多认识了一个人，未来就能多一条路。

Chapter 4.

/ 交友的态度，决定人脉的深度

有句话说："机会是留给准备好的人"，而什么是"准备"？在我的理解，准备的意思不是养成精于算计的城府、手腕，人生实际上是安排不来的，但我们可以种下善缘，这些善缘将成为超乎我们预期的好事，认真交朋友就是在结善缘。

了解我开餐厅经过的朋友们，都觉得我身上的缘分听来特别奇妙，貌似每个机缘都很偶然，但是在这些偶然里，我能够迅速把握，做出成绩来，我相信这并不是偶然。

就像开“苏苏会”，这间餐厅来自一段美好的友谊，我要特别感谢好友 Kim（金姆），没有她，就没有今天的“苏苏会”。Kim 来自越南，老公来自美国，是事业有成的大律师，他们夫妻曾经在北京短暂定居，有两个孩子，过着平稳幸福的日子，很遗憾，他们全家三年前就移居别国了。

“苏苏会”缘起于美好友谊

因为我一直都忙着事业、上课，平常很少老老实实地吃饭，但是每次 Kim 邀请我吃饭，我一定会去，因为她做的饭太好吃了！我们从 2005 年起就是好朋友了，常一块儿吃饭，后来还老开玩笑说“我们开餐厅吧，就卖越南菜！”但是当时就仅止于玩笑，因为我特别忙，而且 Kim 也根本不需要靠开餐厅谋生。

因为我曾经有过一间小泰国餐馆，很多泰国菜的材料和越南菜是差不多的，这些材料在北京市场上很难找到，我常给 Kim 送过去。这种友情的温暖，是很自然的连结，绝不是我早已算计好，未来要开个餐厅，可能要让她出谋划策、帮忙，等等。

后来她的孩子长大了，她也想做点什么实现自我价值。她告诉我她现在真想开餐厅了，我也愿意一起和她做这件事。但是，她后来才发现因为她和她老公都是外国人，要在北京开店并不容易，而且最终总会离开的，但她很想要帮我办成这件事。

一开始我想得很简单，我告诉她："你有三个秘方，还有十个越南朋友，每家不都有些秘方吗？每家都提供两三道秘方、菜谱，我让厨师长去学一下，就能开餐厅了吧。"但是一个月后，Kim 说不行，越南菜实在不是说学就能立刻学上手的。

然而餐厅已经在施工了，眼看着厨师再不到位，餐厅必然要开天窗，于是我和 Kim 跑了一趟越南，我们直接从当地找人，面试厨师，后来真找到了一位，就是我们"苏苏会"现在的厨师长，他当初来北京的时候，一句中文都不会说，人家现在中文已经说得很流利了。

我们带着越南厨师回北京的时候，Kim 就带着他到处采买锅碗瓢盆、鱼、海鲜、材料之类的，如果没有当初Kim的鼎力相助，“苏苏会”根本开不成，就算开成了也不会这么受欢迎！

其实我每个餐厅或事业体的合伙人都不一样，他们彼此也不太熟，但是他们有的一个共通点，就是认识我很久，和我友谊最短的人也认识我十年了。他们的第二个共通点就是他们都很了解我、信任我、包容我，知道我这人在追求什么。

18 年前的师傅，成了今天的伙伴

曾经有学员问道：“与前辈，能够成为伙伴吗？”

可以的。

跟我一起经营《4D 卓越团队》课程的人是 Cindy（辛迪），她认识我 18 年了，她是我在饭店工作时期的 Mentor（导师），以前共事时，她就特别照顾我；现在一起经营课程，我也得谢谢她这么信任我，愿意放下一切，跟着我做。

Cindy 当年离开我们工作的饭店后，去了一个很大的外企，后来公司被更大的集团收购，她成了大老板在北京的助手。这份工作薪酬高，工时也相对自由，对身经百战的 Cindy 来说，这份工作简直太轻松自如了。

Cindy 在 2009 年的时候和我见面，知道我在学习领导力教练课程，已经成为讲师，她看到我的状态，她说她也要学习。以前她也知道我陆续学过心理学、灵性课程，等等，但是她认为我以前的状态“很飘”，学了教练领导力课程以后看起来“落地了”，这让她很感兴趣。

Cindy 行事向来严谨，她当时看着我，坚定不移地相信这个课程好，想要跟着我一起经营，我说：“你就上午做教练吧，下午还可以继续为你老板工作。”但她不肯，果断地辞职，专心当起了教练，这几年她也逐步学习了灵性和心理学方面的课程。

这次与 Cindy 合作的经验，让我更加确认人与人之间的互动，是可以因为不同的时间，空间而流动的。过去，Cindy 是我的主管，现在，我也特别开心能够为她带来改变。

情谊不散，拆伙后还能再创机缘

我现在经营“喜悦泰”的合伙人之一 Joyce（乔伊斯），也是我的老朋友。1998 年我还在饭店工作的时候就认识她了，那时候我常去买她店里的家具饰品，后来 2004 年我开了一间家具店，就是和她合伙。后来因为我没有时间打理家具店，只好作罢，和 Joyce 拆伙。虽说我撤了股份，但是我们关系没有断，依旧是很好的朋友，她很理解我，看着我放下事业，总笑称："你又上课去了。"

Joyce 自己是个咖啡控，也经营咖啡馆，她对咖啡馆附近的业主特别熟，当她知道有位业主特别喜欢"苏苏会"，也希望自己的店面上能开间餐厅，于是 Joyce 赶紧通知我，后来"喜悦泰"的第一间店就开在这位业主的店面。如果没有 Joyce 的穿针引线，我可能开不成"喜悦泰"；如果她不主动找我合伙，今天也就没有"喜悦泰"了。

俗话说"人脉就是钱脉"。有了人脉，做什么都能成功！

经常有人说我人脉好，我要说，人脉资源，是我们做人的结果，人家愿意帮忙，不是因为我们有多牛、多有背景，如果真要这么算计，他们大可以去帮有权有势的人。如果我一直以来都是个小心眼，爱计较的人，我的生命里就无法创造这么多奇迹，出现这么多贵人。

Chapter 5.

/ 领导不是控制，而是树立榜样

要成为一个成功的老板，肯定要有好的领导能力，不过“领导能力”的关键与其说是控制，对我来说，更多是与信任、树立榜样有关。当一个老板，首先得成为一个值得信任与学习的人。

我认为每个人都是成熟的个体，都有基本的判断能力，知道什么是好和坏，比如好奇心强的小婴儿貌似快要爬到危险边缘，外人总担心他会掉下去，但是无论那孩子几岁，做母亲的倒是不怎么担心，总说："放心吧，他自己会闪开。"

我没当过母亲，不能理解母亲们为何能这么淡定地看着孩子玩耍？这就好像人都有基本的判断能力，但在我们和他人之间产生一定程度的信任之前，实在很难相信彼此。

充分授权，不必每事问

我以前也不太信任别人，但经过一段时间自我清理并修复"打破协议"之后，我开始觉得信任很简单。我也在管理上实践"信任"，我给员工做决定的权力，但是他们要向我解释做决定的逻辑是什么。

比如我会告诉同事，他们可以做10000块钱以下的决定。前提是他们需要跟我沟通他们做这个决定的逻辑思路。以前他们常会问我："可以申请1000块钱买面包吗？"很多老板要员工每件事情都得报告，因为他要掌控所有情况，但我认为不必如此。

后来每个星期我给负责采购的同事5000元零花钱，因为每天开店就是需要这么多豆腐、面包，等等，我告诉他们“不用问我，该买就买吧。”

但是当我们需要采购昂贵一点的东西，比如电脑，员工就一定要发个邮件给我，说明以下这些事情：

为什么要买电脑?

要买什么功能的电脑?

列出几种市面上类似功能的电脑

列出三种，为什么要买A，而不是B与C？

我要员工向我报告这些事情，不是为了控制他们，而是要训练他们的思维。当他们做了100个选择，都能有自己的一套逻辑之后，他们做事会事半功倍。比如下次想买个机器，我就会说：“好，你买吧，我已经知道你的逻辑是什么”。

做好榜样，是员工的隐形报酬

我觉得领导的精髓或目标，并不是要让大家完全听话，而是训练大家成为一个独立思考的人。中国有句话说：“强将手下无弱兵。”身为一个老板，手下听话并不值得称羡，如果日后手底下也出了好几个杰出的创业家，那才是老板的本事。

我经常借机会让员工练习思考、练习解决问题。例如前一阵子，“苏苏会”庭院里有根柱子有点朽了，本来员工说：“得停止开业一个月”，我说：“天哪，有没有别的办法？什么是时间最少，最不影响营业的？但是要能解决最根本的问题，安全摆在第一！”

我一句话说完条件，他们和专业人士一起讨论，果真就想出了一个方法，3000 块钱就解决问题，耗时不超过一天。可见员工本身具备很好的思维能力，就看老板给不给机会。

我训练他人之前，当然我得先训练自己。职场的历练，以及多年来接触过的各种心理学、灵性课程打下的基础，使我做起决定总是很快，但我要求员工勤于对我发问，特别是当他们心中所想和我不同的时候，就算当下我的思绪快到一时解释不出，日后我也会慢慢将自己的逻辑告诉员工。

对员工来说，这些做决定的思虑是很宝贵的实务教学，我们公司的待遇虽比别处高一些，但也没办法再给更多了，然而来到这里，我会让员工学会该怎么做决定，我相信这是一辈子的财富。

例如，有一回我们餐厅预定在十一月的时候要赞助一个慈善活动，因为这个活动规模很大，所以四个月前就预定了。不过，也因为是四个月后的事，员工一时不小心，就忘了做预约登记。

就在活动前一个月，有位客人打电话来预约婚宴庆祝的场地，登记好了，客人预约成功了，我们的员工才发现，两个活动刚好撞在同一天！这时候同事们非常慌张地告诉我，客人听说婚宴办不成了，特别生气。

当下我得做个危机处理，衡量情势，客人包下一晚场地宴请亲友，他要付几万元；办慈善活动，我们自己还得搭钱进去，但是我的选择是要做慈善活动，这个底线不能改变。

我赶紧打电话，向客人赔不是：

“您真的很会挑日子，这一天双喜临门，刚好两个活动，因为这一天原本要办公益活动，我们也想为公益尽点心力，没想到您也选这天办您的大喜事，但是特别抱歉，无论赔偿您多少，您开个条件，我们一定尽量满足，如果您不想继续在我们这儿办的话，我给您送几箱酒到您选的地方去。这是我们必要的赔偿。”

“如果您还选在我们这儿，换了另一个时间的话，我还会给您这几箱酒，当作我们给您庆祝。另外，我们店从来不打折，可是为您，这次的费用也再打个八折。我们感觉特别抱歉，因为沟通上的疏忽给您带来不便，但这一天无论如何不能给您。”

我一定要向客人赔不是，但是我有我的立场，“那一天不能给别的客人”就是唯一的立场，站稳了这个立场，客人也会理解我们。但是我也让客人知道我们为了这个立场，将要蒙受巨大损失，我们宁可赔几千块钱酒钱，也要赞助举办公益活动。

以身作则，教做事也教做人

我的客人们都是很善良的、很愿意帮助别人的，看到我们愿意为了办慈善活动承受这些损失，客人多半不会再苛责，何况我也提了解决办法，一般情况下，客人多半就会照这个解决办法走。

那一次客人回复我：“哎呀，没事，你也不用送我酒，不用给我打折，我换第二天吧。”

那位客人特别善良豪爽，坚持不让我们送酒、打折。这事算是喜剧收场了，我特别告诉店里的小同事们，做决定要考虑公司长远的发展，如果当初为了这眼前的几万块钱，不办慈善活动了，这是赔了公司的名声，几万块钱，我们努力一下，几天也能赚得回来。做这个决定当下貌似是赔钱的，但我们保全了公司的信誉，让员工理解了公司看重的是什么，这是我们的心意，客人的感受也是最深的。

每一次老板做决定的时候，员工也在看着，他们会知道我是怎么做决定的，什么事情在我心里是最重要的。我最在乎承诺，我很看重公益活动，我愿意为了诚信和公益的价值承担损失，这些价值观也会影响员工，他们不只是跟我学做事，也是在跟我学习怎么做人。

做人跟做事的道理永远结合在一起，我怎么样做人，就怎么样做生意，所以我的生活过得特别简单，我的生意经营得清清楚楚。

Chapter 6.

/ 吃亏不是占便宜，别拿委屈换和谐

中国人老说“丑话得说在前面”，但是真正做到的中国人又有多少？“丑话说在前”在商业上特别重要，不懂得树立自己的原则，一味吃亏，并不会换来真正的和谐，没有一门成功的生意是建立在不断吃亏的基础上的。

我是个说话直接的人，尤其在商业上，我很重视就事论事、心里不要有结，我认为有问题就得立刻解决，别人总以为我特别不怕得罪人，但事实上我是根本不知道我已经得罪人了。

就事论事，不纠结于情绪与斗争

在合作开之前那个小泰国餐馆的时期，主要都是由我的合伙人来主导整个店的营运，因为一直是不赔不赚，后来我就说："你休息一个月，我来管。"

这么一句话，会让很多人觉得我是为了争夺权力，当时的合伙人听了也不高兴，他说："你以为你是谁"，我回他：

"我不以为我是谁，我是大股东，我要对我的钱负责，你也投资了，难道你不想把你的钱赚回来吗？"

"如果我用我的想法管还不赚钱，那你就接着管吧。但如果不让我试，我就会觉得有问题。"

我并不想争夺这个权力，我要的只是对我的投资负责，我很坚持这一点。后来我管的那一个月，营业额提升了几万块，之后我跟合伙人说你回来吧，他告诉我，其实营业额本就该涨了，并不是因为我接管后才涨。

我只是开心地说："我才不管是因为什么，反正钱赚到了就好。"这当然是个量变到质变的过程，没有团队和他之前的付出，无法瞬间就改变。我只不过用了"巧劲"罢了。

这就是我的事业态度，我从不陷在权力斗争或情绪里，我要的是结果，从来不是要与人争高下，或者争得别人认同。当我的态度是这样，我的合伙人也就可以比较快地跳出情绪，或是远离权力斗争，除非他喜欢斗争胜过经营事业，其实这样合作也就终结了。

我不否认我这样的态度有可能为自己树敌，但是在事业上，与其当个老好人，没有原则，老是要一味忍让，倒不如把界线划清楚。因为做事业关系到的是公司的利益、全体员工的利益，我们自己委屈了还可以当没事，但是公司绝不能委屈。

划清界限，不让公司受委屈

有一回我和一个媒体单位合办活动，这个活动规模不小，光是这个媒体本身就来了很多工作人员，后来他们针对这个活动发了报道，但是报道里一点都没有提到我们的场地和组织，我非常不高兴，就拿起电话，拨给对方负责人：

“我们明明提供了场地，我们的人也积极投入到这次活动中，为什么报道里只字未提？你这样做是非常不对的，这样我就要考虑是否要继续跟你合作了。”

“喔，我忘了，我肯定是不小心吧。”

“这明明就在我们场地上办活动，你们自己也来了那么多人，怎么就会忘了我们呢？”

我噼哩啪啦说了一顿，我说做人和做生意都不可以这样，报道里附上最起码的致谢，这是做生意的基本常识。对方以前是个记者，她还想解释他们已经做惯了，以前都是不想提就可以不要提，也许她在意识层面真的不知道这是一件该注重、该做到的事。

她不断解释，强调她以前都是这样的。但我告诉她：

“你现在不是记者了，你是我们的合作伙伴。”

“你当记者的时候，也知道写报道要引用谁说的话，而不是把那句话变成你自己说的话。怎么你现在就会忘记活动也有别人的一份力呢？”

听到这里，她就愣住了。

我想可能从来没有合作单位这样跟她说话。一般人都会觉得未来还有合作的可能性，“她的资源都是我未来可以利用上的”，所以现在就只好忍着，不会这么直接地提出自己的不满。

但我的原则就是从来不为未来可能的合作买卖而有过多顾虑，太多人都因为未来可能会有的某些好处，所以就特别顾忌。而我认为如果现在这些事都过不去，还能有什么未来？

不顾忌未来，当下就把话说清楚

如果合作单位老是这样，我的公司不就会时常受委屈吗？一间公司怎么可以总是处于被动的地位呢？诚信是原则，就算有天大的好处都不能让步。

有时候大家把“吃亏”当成一种砝码，觉得“这次我忍了，下次别人可以回报我别的东西”。但是万一别人根本不了解这种暗示呢？

也许对方不是存心占我便宜，可是如果我不提出，对方可能永远不知道我在乎这件事；如果我不把界限画清楚，不就等于告诉对方“你可以前进、踩线，因为我不介意”。

很多合作最后闹得不欢而散的原因是：当事人都认为对方利用了自己。但这是谁的错呢？一直不提出自己觉得委屈的地方，却在心里认定“哼，他占我便宜”，这其实也是对别人的不公平。

还有人会认为必须接受业界行规，或是“潜规则”，我也不以为然。如果合作方说：“业界都是如此”，我会说：“大家这样做，但我不要这样做，下次再有这样的机会，我就不跟你合作了。”行规是行规，但我个人可以选择不接受。

三个觉知，助你站稳谈判立场

1、感谢不可忘

我发现这些冲突里面，大家多半不是存心欺骗，而是严重的欠缺觉知。觉知太重要了！比如我写任何牵涉到商业面的文件，Credits（信用）一定要给出去，要感谢所有合作方、合作组织，等等，除了因为这是商业上的常识，还因为人家帮了你，本来就该感谢，这其实是做人的基本道理。

但是好多人不知道这个道理

除了在乎做人的基本道理，我如果和对方据理力争，我所使用的语言并不是“你如何如何”，而是强调“这不是我做人做事的原则。”“我不高兴。”

2、多说“我”而不是说“你”

在商业的世界里，我们不可能花时间跟所有人建立感情，不可能和所有人都有深刻的信任关系，在据理力争的时候如何让对方听懂你的要求，而不是只吸收到你的抱怨，这是很重要的沟通技巧，毕竟据理力争在多数时候只是为了要回自己的权益，而不是真正和对方撕破脸。

把“你”改成“我”，就是一个很恰当的沟通方法，如果每句话都是“你……”，对方只会接收到你的指责，而多数人对于指责的直接反应，是想要闪躲与自我辩护，这样就无法做到真正的沟通了。

如果我强调的是“我怎么想”，就是把事情拉到我的角度来说，对方才能够“换位思考”，从我的角度来了解事情是怎么一回事，他才有机会明白我的要求。

3、吸取教训，累积“自己的条款”

此外，我不只会很直接地告诉对方“你这样做，我很不高兴。”我还会将这些不高兴变成我自己的条款，下一次有类似的合作，我会拿这些条约来提醒自己，谈合作的时候务必问清楚。

以前没有这些觉知和准备，每次发生了不愉快，我只会骂自己笨，骂自己没考虑周全，其实会发生不愉快，我自己也有责任。就拿前面那个和我发生冲突的媒体方来说，其实我们后来还是继续合作。在后续合作时，我就特别强调先将彼此希望的权利提出来讨论，有良好的沟通，就不会让彼此都觉得委屈，更有助于日后长期的合作。

另一方面，谈妥的事情就务必依约行事，我谈合约时非常直接，但是谈完之后我也很诚信，就算发现赔钱或亏本，我也认了，绝不变卦，因为我要为自己的智商买单！

Chapter 7.

/ 明辨因果，凡事没有受害者

当合伙走向拆伙，当事人都自认满腹委屈，错都在他人。但是实际上无论表面的形势如何，其实每个当事人对于拆伙的结果都有责任，这个世界不存在受害者。

没有人是天生的成功者，很多成功其实也是奠基在过去的失败上，以我来说，我现在是别人眼中成功的餐厅老板，“苏苏会”与“喜悦泰”都经营得有声有色，实际上，我特别得感谢过去的失败，如果没有失败过，我不会知道如何把事情做对。

如果前面我分享的合伙概念看来特别成熟，给人特别多启发，我想那是因为我曾经在合伙上重重跌过跤的缘故。

开了酒吧，才懂钱有多难赚

我曾经开过酒吧，就在一个古老的公园里面，当初根本不是为了开酒吧，只是为了找个办公室，刚巧这么有缘分，看到公园里有间特别的店，我一问，当时那间店的经营者告诉我：

“这是个很好的咖啡馆场地，我不会做，但你是可以试试看的。”我当时初生牛犊不畏虎，凭着一股傻气就接了，那间店的经营者就成了我的合伙人。哪里知道第一个月就赔了三、四万元，把我吓坏了，那时候我才知道原来赔钱可不只是赔房租而已，员工工资、营运成本，等等，都得算在内。

于是第二个月我特别认真经营，终于有一天我赚到 800 块钱，那一天我特激动地哭了。小乔说："为什么让自己那么难？还不如你上班工资高呢。"那时候我白天要经营家具店，夜里还得张罗酒吧，真是好辛苦的一段日子，每天晚上我忙得心力交瘁之后，小乔都到漆黑的公园里来接我。

第二年小乔说："你这样不行，我帮帮你吧。"他来了以后，那一年生意就变得特别红火，在当时几乎就是全北京最好的酒吧了，其实酒吧的场地好小，60 平米都不到，有时晚上都大排长龙，客人们特爱来这儿喝酒、听音乐、开派对。

那时候生意很火，但我没有特别在意。等到北京奥运过了，我们到了要重新签约的时候，合伙人却说："Amy，我不跟你签了。"

我想他可能认为酒吧已经有一定知名度，便想重新收回自己做吧。

盛景转眼成空，连告别都没有

其实离开曾经那么用心经营，热爱的地方，有多么难过，心情可想而知，但人生永远都是如此，一扇窗消失了，就会有另一扇门敞开。

离开那间酒吧的第二年我和小乔开了“苏苏会”，很多上门来的客人特别好奇，为何我们当初一声不吭地离开了那间酒吧。我们确实一直都对此保持沉默，没特别说什么，事实上也没什么可说，因为我们之前经营酒吧的合同到期了，人家要把经营权收回去了，一切都顺理成章，我们是无话可说。

因为太多人问起，我就简单说了一下当时的情况，有些外国人听了之后告诉我：

“哇，终于知道为什么我们来北京的第一天，有朋友就告诉我们不许去那个酒吧！”

我们这才知道原来有些根本不认识的客人，在暗地里为我们打抱不平。

确实，我们本来谈了好几次想要签合约，但最终对方告诉我们不用签了，导致我们连告别的时间都没有。但我当时觉得自己没有太执着于此，因为那间酒吧毕竟给了我足够的钱和时间，去学习到很多东西。

不过，大概在三年前，我时不时还会感受到一些情绪，其实还是放不下这件事，朋友劝我干脆回去看看。

我起身走进公园，围着那酒吧走，我看着那地方，觉察到自己内心深处的触动：

“曾经那么美的一个地方，为什么一夕之间变成这样。”

“到底是谁对不起谁？为什么他做了这样的一件事情之后，我反而不能去这个美好的地方了？我当然可以去！”

于是我鼓起勇气，走进以前的酒吧，边走边看，桌椅装饰还是当时我摆放的样子，好多感触涌上心来。走进店里，看到我们走后还留在那里的同事，我们两个都流泪了，他说：“我有时到公园里来的时候都想着，要是 Amy 再来这坐坐就好了。”他特别激动。

回想起那一幕我百感交集，其实差不多也在那一时期，我又面临着第二次的商业上的分手。

重蹈覆辙带来觉醒

我在开“喜悦泰”之前曾经和人合伙开了个小泰国餐馆，在第五个年头，这片区域要改造，我又开始思考：我们将何去何从？当分手来临之际，这一次，我真正冷静了下来，发生第一次的时候还能说是别人的问题，但是一样的事情发生第二次，那肯定是我自己的问题了。

我发现自己对于合约、实体营运以及合伙人关系等实在太不关心了，几乎是根本不管。我现在虽然不是天天来餐厅，但我其实关注着整个系统。但以前，那些酒吧、餐馆真的像弃儿一样，直接交给别人管理，就算发生一些不好的事情，我也不管，总认为“生死就由他，钱没损失就可以。”

这种态度造就了该有的结果，不是人家背叛我、欺负我，而是因为我不负责任，我对店没有投注所有的爱与关心，那些店理所当然会离开我。

仔细想想，那个小泰国餐馆的走向并不完全是我喜欢的，所以它终究只是一个过渡时期的产物，那间小店已经完成它的使命，如果没有做过那间小店，我是没法懂得后来经营这些餐厅该要懂的事情的。

此外，我对于“分手后大家都认为是合伙人的错”这件事感到特别内疚，外人看起来好像都是人家对不起我。但事实上我认为我自己该负主要责任，我有这样的一个觉醒。

我创造了一个悲剧，在这里面我扮演了一个什么样的角色？朋友们都说那位合伙人没有选好，但我真的是受害者吗？

其实不是，在这件事情里，可能我也是个施害者呢。

在这个多维度的空间里，已经不再有谁是所谓的受害者，谁是施害者的概念，我以前习惯把自己放在一种形势里面，看起来好似自己是个受害者，其实这是不对的。

是我之前的那些行为，推动着合伙人做出那些事导致现在的结果。

拿个故事当例子，有一个和尚和一个屠夫，他们俩是邻居。每天早上，屠夫很早就要杀猪，和尚则是早晨起来要念经，他们俩谁先醒，谁就叫对方起床。

他们死后，和尚到了地狱，屠夫上了天堂。和尚说："太不公平了，我每天念经、超度，为什么他每天杀生，却到极乐世界了呢？"

佛陀回答：

"他每天醒来的时候叫你去念经，做好事；但你每天叫他起来干吗呢？你是叫他去杀生。"

"我们不看你干了什么，是看你的起心动念，你起心的时候，已经决定会有这个结果了，这叫因果。”

我就像这个和尚，我不去餐厅，一心热衷于学习上课；不在乎餐厅运营也不关心他的生活与志向，等等，这些举动和信念，都在渐渐促成合伙人们走向疏离我的结果。换作我是我的合伙人，我一定会想：“没有 Amy 挺好的，为什么我干活，她却可以天天玩，天天不在，竟然还要比我挣的钱还多！”

是我的这些行为，让合伙人觉得不公平，然后做出背离我的事情。所以并没有所谓的坏人、好人之分，只是一切起因在我。

两堂分手的课，让我学会宽恕与珍惜

经历过两次商业上的分手，带给我很大的觉醒。我学会宽恕，但我的宽恕不是原谅别人，毕竟没有所谓“坏人”，我是原谅我自己。心理学上说的宽恕与爱，其实就是放过自己。以前当我切断与他们的联系的时候，所有人都痛苦，我自己也不好受。而我努力修复破碎的心之后，现在的我觉得生活很好，因为像这样的点滴是非、过眼烟云，我已经能够放下了。

当初我们离开酒吧，很多酒吧里的员工都很难过，后来我转告他们，我已经回酒吧看过了，他们当中还有人说："Amy 姐我太佩服你了。"他们觉得我能够不计较，这是很棒的！

听到别人这样回馈我，我才知道："有容乃大，当我的心可以这么大的时候，原来大家是会佩服我的。"这其实也是种获得。

我还学会珍惜。"失之东隅，收之桑榆"我看到了我现在的进步，餐厅已经开始打造品牌了，前后格局不一样了。如果当初我不是那么漫不经心、不关心我之前的合伙人，也许现在也能够和他们一起在创造这么美好的事业吧。

当时我没有花心思去跟合伙人培养连结感和信任感。现在我肯花心思培养这些默契，我不让自己重蹈覆辙，后来的"苏苏会"与"喜悦泰"就是向自己证明，我不会再把自己放在被动的位置上，而是会为了创造大家的幸福而努力！

PART 5

这样做，与成功更近！ /

当有了清晰的决策，我们的计划就已经完成大半了。

Chapter 1.

/ 成功，也有方程式！

在经过这么多年的职场和创业历练，也看过身旁的许多例子之后，我领悟出了一个“成功方程式”，不论是还在职场中奋斗的人，或是创业家，如果做一件事或开创一个事业都能符合这个方程式，我认为成功或许是指日可待的。

在许多场合，很多人都希望我能多谈谈“我对成功的定义”，或是我认为“该怎么做，才能得到成功的结果”，沉淀了一阵子之后，我把心得整理成一个成功方程式“S=（DVD）±R”。

S是成功Success，第一个D是Drive内在驱动力；V是Vision愿景；第二个D是Decision决定；R是Relationship。我认为成功是来自内在动力、愿景、决定与关系四个内在动力系统相乘的结果，以下和大家分享我对这成功四因素的看法。

Drive：你为何而做

第一个D指的是Drive内在驱动力，也就是内在动机、初衷，大家要做一件事、下一个重大决定之前，必须思考“我为何要做？”好比：

“因为30多岁了，我想证明自己还可以多成功。”

“因为他羞辱过我，我现在就是要证明给他看！”

这些动机可能都不太靠谱，做一件事如果太在乎表面价值，像是博得名声或“证明”给谁看，这件事很难走得长久。要知道，“动机”会影响一件事情的走向，以及遇到变量时所下的决定，比如开一间餐厅如果只是为了博得名声与关注，我可以用非常浮夸的方式，使用最大量的营销、最奢侈铺张的门面，让大众关注我和我的餐厅，可是，如果我真的得到名声了，那么接下来呢?

我得到我要的名声之后，接下来就不做餐厅了吗？或是今天我用最铺张的方式获得关注，但是明天开始，大众转为喜欢朴素；后天开始，大众喜欢复古，那么我就得一直顺应大众改变自己吗？抑或是，假如我一直得不到大众关注，那么我就干脆放弃开餐厅，是吗?

当动机不够深刻，梦想的路必然走不远。初衷指的是内心里面那种“迫切想去做”的深层渴望，那其实是我们生命中的一个目的。以我来说，“服务”就是我生命中的一个 Drive，我花很多精力来筹备、制作这本书，我希望我的分享能够传递给很多很多的人，这个分享的目的不在于“Amy 要再成功一次了”或是“Amy 要更出名了”。我可以很坦然地说，我不需要写一本书来证明自己是成功的。

当我的“服务”没有了这个小小的自我，那就是一个终极的服务，如果我学习到的经验、我体验到的沧桑与快乐对一个人有用，对一百个人有用，我就觉得自己生命的价值更大了、更高了，这就是我对于我这个“存在”很高的一个渴求。

我的另一个内在动机是“自由”，为了得到自由，我无所不用其极地做到“让时间最大化”，我希望用最少的时间来完成最多事情，达成最大效益。我每天脑袋转个不停，多半是在思考如何极致地使用时间。我做决定通常很快，我从多年商场经验里提炼出我自己的一套准则，只要符合这些合作准则，我就不再过问合约细节。貌似太果断，但是这果断是来自我长时间精密评估的结果。

因为我认为生命存在于这个线性世界的时间很有限，我希望尽量把时间用来创造，如果一件事能和我的终极追求有所连结，我就认为这件事值得花时间与心力去做，比如开餐厅，我分享高质量的环境、菜品与服务，让客人来到这里，能够感觉生命的美好，这个结果就是和我本身对生命的渴求有所连结。

另外，我和朋友们不常打电话，我总告诉朋友：“别打电话，有事给我发信息”，别人想约见面，我经常推辞。但是这并不代表我没有把朋友的烦恼放在心上，比如朋友说：“不知道合伙人怎么选？”那我就会设计一堂课，或是一个沙龙讲座，我花一个小时或两个小时的时间，好好地和 20 到 30 个人，甚至更多人一块儿说，我认为这更有效益。

越多人的分享与反馈，对议题本身就越有帮助，如果我的朋友来参加讲座，别人提的问题可能正好也是他想问的，或是他没想到的事，别人帮他发问了，可能正好满足了他，这就是我喜欢的“时间最大化”，不仅让我得到自由，也让问题的解决产生最大效益！

Vision（愿景），你看见什么未来

V，是 Vision，代表一件事的愿景。一般来说，我们对于“时间”有着双重看法，时间上的确有一个 2015 年，在线性的世界里有去年也有明年，但是，我们也了解当下，就是当下的这一瞬间。

如何让我们当下的这一时刻引导出一个我们愿意看见的未来呢？我在前面的章节当中已经提到，多练习打开感官，静下心来感受，渐渐就能养成一种直觉，事情还没发生，我们已经可以预见到结果。

比如很多人会好奇，我既当课程讲师，又要管理三家餐厅，这么多生意怎么忙得过来？其实我在筹备餐厅开业的时期，大约一连三到

五个月，我的确非常忙，但是开门营业的第一天，当第一批客人来了之后，我认为我的工作就结束了，因为我已经“看到”此时高朋满座，看到大家喜欢这个环境与这些菜，大家的笑脸已经让我确认开店前我所感应到的所有设定大致没问题。

所以之后我就不怎么来餐厅，一星期大约去两到三次，这除了是因为我很信任同事们，也因为我能预期到餐厅未来的发展，比方试菜的时候，我总会知道这菜会不会大卖，直觉上我就是知道！

比如去年“苏苏会”推出一道蘑菇沙拉，同事们原本取名为“海鲜菇沙拉”。“海鲜菇”就是那种菇类的中文名字，但是我一看它的英文名是“The Abalone Mushroom”，中文直译是鲍鱼菇，当下我就决定菜名改成“鲍鱼菇沙拉”。

同事们问：“为什么要改名？”我说：“我们要为特地来这里吃饭的客人提供特别的感官体验，而且‘海鲜菇’听来太平淡，客人根本不知道那就是鲍鱼菇，写个‘鲍鱼菇’才能激起客人的视觉联想，让他们对这道沙拉有期待。”

这道菜色推出后，客人都说，很喜欢“鲍鱼菇沙拉”。

目前，“苏苏会”与“喜悦泰”加起来一共三间餐厅的试菜、定价都是由我来决定，至今看来都还不错，我认为这与敏锐的直觉有很大的关系。

“苏苏会”开在隐蔽的胡同深处，这个店面的样子也是我在印度静心时所看到的景象，回北京的时候我原本在雍和宫附近找，哪儿有胡同我就往哪儿找，最后找到了钱粮胡同的这个可爱的小院儿，“彩虹书吧”的样子也是我在练习静心当中所看见的。

其实这并不是什么神奇的事情，每个人都能锻炼自己的直觉，当我们对自己、对周遭的人事物越敏锐，就越能预期事物接下来的发展，甚至是看见未来。相反的，如果把自己的心封闭起来，像个机器人一样过日子、做事，那就根本感觉不到当下的幸运或危机，无法把握好的机会，也很容易往错误的方向走去，非常可惜！

Decision（决定）：你决定怎么做

第二个 D 是 Decision，也可以是 Design（设计）。当你有一个动机要完成，你还要决定如何来实践、完成这个动机，比如我决定用开一间越南餐厅的方式，来分享我的生活美学、生活品位等，这就是我的决定。

有人还在疑惑“我的衣服是要放在商场里开实体店？还是放到网络上卖？”的时候，还没有一个清晰决策的时候，他就已经马上要做了，或是还搞不清楚“股权是怎么回事？我要占比多少？”就已经要和合伙人合作了，他们的 Decision 都是模棱两可的。当决策模糊时，很容易让事情陷入困境。

相对的，当我们做事之前有了清楚的决定，已经确认要用什么方式来实践目标时，事情就会显得容易许多，甚至可以说，当有了清晰的决策，我们的计划就已经完成大半了。

知道自己想做什么、要用什么方式做、未来能做成什么样，这代表我们的每一步都会走得特别清楚，如果真的都做到了，其实这时候已经基本迈向成功了。

但是即便如此，有些人最后还是会失败，因为他们的“关系”出了问题。

Relationship：你的关系是否支持你

这个R，是Relationship，也就是“关系”。关系有很多种，比如我和我自己的关系、我和他人的关系、我和世界的关系，等等，如果做一件事，我和身边的这个关系都是正向的，最后这个结果就会是正的，就会是我的收获，而不是负担。

相反的，假如我的事业很成功，但是我和母亲的关系特别糟，一想到她我就哭，她一看到我就骂我；或者是我一回家，老公立即就把房门锁上，不想和我见面；或者是合伙人彼此猜忌，等等，如果我身边的关系是这样，那我的成功还有什么意思？生意做得再大，又怎样呢？

关系是决定整个成功的关键，所谓成功，一部分是在关系上，如果你的关系是正的，而且特别牢固，你身边所有人都在支持你、帮助你、祝福你来做这件事，你的成功有可能是双倍、八倍的回馈；但如果你的关系是负的，比如是拿钱或是其他外在的事物来建立的关系，你的成功就会打折扣，甚至非常脆弱，因为建立在不稳固的基础上。关系必须拿内在的东西来衡量，虽然那是无形的，却是衡量成功与否的一个关键。

内在动力、愿景、决定与关系这四个因素，是“成功”的四大支柱，但是“关系”是特别重要的顶梁柱，如果一间屋子没有这根大梁，马上就塌了；如果这根大梁非常脆弱，这间屋子也只是个空壳，根本不堪一击。

另外也要特别说明我个人的一些看法：中国社会向来对男人比较宽容，男人只要认真工作，只要有事业，人生多半糟不到哪儿去，也可以说，男人只要有了事业成就，他的关系多半很容易就好了。对男人来说，影响成功的因素大概有前面三项就够了，就算男人愿意认真经营“关系”，可能也只限于职场或社会上的朋友关系。而对于如何经营“家庭关系”“亲密关系”，大半男人可能有些茫然 。

但是女人不是，一个女人如果不顾家，不关心老公家人，或是没有得到家人和爱人的支持，她很难真正的成功。这一点我想西方社会也是如此，像是社交网站“Facebook”首席运营官谢丽尔·桑德伯，她已经这么成功了，还是写了《向前一步》这本书来呼吁女性不要自我放弃，呼吁大家一起为女性争取进入职场的权益。

这是来自整个社会的制约，不是个人能够撼动的，我认为不需要因此回过头来质疑男人为何不需要像女人一样费心经营关系，我们自己知道怎么做能让我们成功就好了。

成功方程式，其实不只是一个方程式而已，我的自我启发历程、职场奋斗经验，还有我对经营亲密关系、合伙关系的种种看法、技巧，就是这个方程式的真实血肉。

这个方程式浓缩了我的成长经验，实践这个方程式让我的生命得到完整的绽放，得到物质与灵性的双重丰盛，因此我衷心地希望这个方程式也能启发正在看这本书的你，愿所有人都能迈向自己的成功！

Chapter 2.

/ 为自己列一张愿望清单

小时候我们都有过很多梦想，想成为医生、科学家、老师，等等，但是长大以后，有多少人做了小时候想做的事？这期间发生了什么？

多数人都没有实现小时候的梦想，甚至记不得自己以前许过什么愿望，小时候那个个性强烈又鲜明的自己，好像突然地就消失在我们生命里。原因当然有很多，比如成长过程中，整个社会告诉你应该成为什么样的人，爸爸妈妈会告诉你应该如何过人生——

“现在做律师挺时髦的，你去考个律师证书吧。”

“你别学文科了，做保姆吧。”

“念个文科当编辑，还不如人家当保姆挣的钱多呢。”

听着听着，原本还想叛逆的心也被这些话说服了，已经想不起来是什么时候，我们开始妥协了，像是“我小时候想当作家，但现在只是个记者，反正眼看着当不了作家了，那就这样吧。”或者“本来我想当个歌手，但现在只是个工厂里的高级作业员，这工资反正饿不死我，就别想太多了吧。”梦想还没走到终点，故事还没完结，但好多人已经搁笔，自行离场了。

梦想的起点，是找回鲜明的自己

别人还没论断，我们自己已经先喊停，因为梦想很丰满，现实很骨感，生活看似琐碎，却带着无以名之的沉重，慢慢消磨大多数人对生命的激情，无止境地消耗我们对自己的渴求和向往。

还有一种情况更可怜，当我们连梦想都没有，心里只会充斥“我是谁啊？我怎么可能成为XXX？”这样的信念，只相信“我不会成功”或是只相信局限与挫折。因为看了太多别人悲催的故事，就胆怯了，比如看到朋友开餐馆，从此没有了自由，一年365天，天天都得待在餐馆里，于是你也入戏了，以为自己一旦追求梦想，也会跟朋友一样失去自由。

因为整个社会都劝我们放弃，因为现实太骨感，因为关于梦想的故事都太惨烈……这些原因足以让我们打退堂鼓，无法实现自己的梦。但对我来说，原因只有一个，我们对梦想的信任太单薄。

当我们不够信任梦想，发现梦想的真实面与想象中不一样之后，就容易却步。比如科学家、律师看起来都貌似威风有趣，但他们真正的生活离“有趣”很遥远，他们每天收集数据和安静思考的时间，可能远远超过大家想象，他们为了不断提升自我专业而牺牲的个人生活，可能枯燥得令人咋舌。

如果无法享受事情本身，无法在重复的枯燥里感觉到快乐，我们就无法成为某个领域的高手，这就是梦想的真实面。

美国作家格拉德威尔在他的书《异类》里提出有名的“一万个小时”理论，他说心理学家研究“天才型人物”的生涯，发现成功最重要的关键“是准备，而非才能”，发现“真正的专家和精英必须经过一万个小时的锤炼”。在这本书里，更明确的定义这一万个小时，代表的就是大约历时十年不间断的练习。

回顾我们的生命里，有没有哪件事情足以让我们乐此不疲地练习，沉浸其中，十年来不间断？先不提一万个小时或者十年，以专业讲师的圈子为例，光是讲课时数达到200个小时，就能成为业界公认的高手了，更何况一万个小时！

“反复锤炼，就能靠近完美”，这是个简单的道理，照做就好了，但是有谁能坚持下来呢？

所以没有成为自己想要成为的那个人，或是没有实现自己想要做的事，归根究底，最主要的原因，就是你没有这个决心！

"有没有很想做的一件事？"一道内心永恒的提问

没有决心，也就代表你并不是真的那么想做这件事。我们在前面提过"成功方程式"，当大家对"梦想"感到困惑迷茫的时候，我建议大家问问自己，"我真的很想做这件事吗？"做这件事的 D（Drive，内在驱动力）是什么？

2009 年是我人生中一个很重要的转折点，那一年我开始正视自己的梦想，但最初我也充满了很多困惑与怀疑，连自己想要什么都说不上来。

记得有一次，有位老师要我想出人生的 100 个梦想，我说："怎么可能？我哪有这么多梦想？能写出三个就差不多了。"对方说："那你就先写出 30 个吧。"我还是纳闷。

"什么是梦想呢？"

当时我连什么是梦想都不知道，想了很久，我觉得梦想也可以是"白日梦"吧，"我就写写也没关系吧，虚无缥缈也没关系"，我告诉自己不要想太多，就直接写下内心觉得有点心动的东西、想要的东西，于是我列出以下这些事：

我想要去全世界旅行。

我想要成为一个瑜伽老师。

……

很快的，我列出30多个“梦想”，但是看着这些愿望，我惊觉“天哪，我以为是“白日梦”的东西，其实很多我自己已经做了一大半了！”

比如“成为瑜伽老师”，多年来我一直都在持续练习瑜伽，只不过我没有去精进练习，如果一年之内要以“拿到瑜伽师资资格”这个目标来训练自己，我觉得我完全可能做到；比如要走遍世界去旅行，当时我已经去过全世界二十几个国家了，如果要再拿出更多时间去旅行，我还真的可以！

让我那么渴望的事，竟然只是那么初级的事，这些“梦想”其实不是梦想，可能连梦想的级别都不够，它们只能称之为“目标”或者“计划”。

梦想，是目标的不断精进与内化

如果目标不是梦想，那什么才算得上是梦想？对我来说，“成为瑜伽老师”只是一个目标，毕竟拿到资格证，我就能当老师了，可是，“以瑜伽行者的方式生活着”那就不容易了。

生活本身没有成绩单、资格证可以证明，要让一件事情与自己的生活合二为一，需要多少个日复一日的实践？需要多少的深化、内化与精进？这当中唯一的评判来自对自己的认可，我认为这才是我要追求的梦想。

想通了这一点后，我冷静下来，列出了 12 个人生的愿望。

梦想虽然称之为“梦”，但最终要以物质的形式来实现，一个梦想的实现可能包含着各种目标的达成，在这个不断实现、不断精进的过程里，我也渐渐明白这个梦想背后的终极目的是什么。

清单上写了一条“我要开一间泰国餐厅”，其实当时我已经拥有一间小泰国餐馆了，但那不是我的梦想，也不是后来的“喜悦泰”。

意识到这个矛盾时，当时我的确有点讶异，“我不是已经有了一间小泰国餐馆了吗？”“为什么我认为它不算是我的梦想？”但后来我也没多想。

其实“写书”也是我当时写下的梦想之一，可是“写书”不只是为了写书，说实话，如果只是要出版一本书，这并不困难。那么，我写书到底是为了什么?

这些整理愿望的过程，对我来说帮助很大，2009年后，每隔一段时间我都会列出愿望清单，我不只是写在纸上，也把愿望写进心里，去反复思索、去深深感受，并且全力以赴地实践。

我发现第一次写下的愿望是“目标”，第二次写下的是我的“向往”。所有的向往，都是一条路径，指向我最终的梦想——“分享”。我的梦想就是分享自己，写书、开餐馆等，都是我分享自己的方式。

在达到“分享自己”的终极理想之前，会实现许多愿望，就像踏着一个个的阶梯，逐渐攀向梦想。另一方面，也可以说，攀向梦想的过程，也就是完成了梦想的本身。乔布斯的梦想是改变世界，我们不知道他最终对自己的满意度有多少，起码他一生中不停地在实践他的梦想。

梦想的路上，唯一能令我们放弃，或者坚持的原因，只有自己。平凡如我们，也能创造属于自己的伟大，但你必须启发自己走上伟大的梦想之路。

Chapter 3.

/别让你的心，局限了你的成功

“迈向成功”四个字带给你的联想是什么？

是想起种种可能遇上的困难，还是成功之后的美丽愿景？

一念之差，决定了你的成功是迷途，或者坦途。

在某个讲座上，我认识了一个年轻的女孩 Issa（伊萨）。Issa 开了一间缝纫教室，为了维持教室的正常营运，她过着非常自律的生活。

Issa 每天早上六点钟起床，开一个多小时的车进城，八点前就一个人在教室里清洁、整理场地，为这一天的课程做准备。不需备课时也独自忙着招生、宣传事宜，亲自接听每通询问电话。到了傍晚，她还得匆匆驱车赶回家为爱人做晚饭。

Issa 的困境

Issa 很兴奋地向我介绍她的事业，但同时也面露忧色，她认为自己遇到了经营上的困境，忙不迭地问我：

“我的生意面临着无法良性运转，还有生源问题，我意识到这个生意马上要遇到瓶颈了！”

“我需要一个更大规模的推广、宣传，或者找合伙人来一起经营，这样才有可能突破这个瓶颈，再迈上一个台阶。但是怎么做，我现在还不知道……”

听完她的问题，我说：“我没有办法告诉你该做什么，因为我不是这个行业里面的人，但是我会告诉你一个心法，让你在自己的营运过程里面想出一个解决之道。”

这个心法其实非常简单，就是转移焦点，听听 Issa 说的话，就会发现她完全陷在问题的漩涡里，专注在“瓶颈”上，而且她的想法充满了局限。

比如“我只有透过更大规模的……才有可能突破”这句话已经给自己下了两个套了，按照她的逻辑，这些问题基本上已经是无解的，她把自己逼到死胡同里了。

“这个教室就这么大”“只有我一个人做这个”“不扩大宣传不行”“不找合伙人不行”，等等，Issa 所描述的这间教室似乎毫无“未来”可言，处处充满了问题。

且不提那些“困境”是不是一个客观的事实，我认为 Issa 应该先想想“我想要什么？”比如是一个大的教室？还是更小一点的教室？或者直接改成一对一教学，不限场地？

“你的话里面没有一件你想要的事。”我告诉 Issa 这才是她真正的问题。先有愿景，然后才能选择方法去实践愿景，就像先画好蓝图，才能规划盖房子。一个创业者对事业如果没有愿景，每一步都会充满困惑，因为不知道到底要去哪。

观察自己，跳出预设框架

Issa 听到我的提醒，犹如大梦初醒，连忙说："我想要的是，我不用自己成天在教室盯着，我希望这个生意可以自行运转。"

"如果你跟我说的是'我想要的是让这个生意自行运作的一个系统，要规划这个系统需要考虑哪几个方面？'这个问法跟你刚刚提的问题，完全是两回事。"我告诉她，这才是实际的问题、开放式的问题，解决之道有很多，先前她想的都是瓶颈与局限，是限制性的问题，几乎找不到活路。

"成为自己的观察者"是一种很棒的觉知，多练习几次，往往会惊觉原来我们思考问题经常都是专注在局限，而不是"愿景"。Issa 实际上只要思考"让这个生意自动运转"这个系统如何搭建起来，这样才是把焦点放在解决问题和愿景上，至于这个愿景要如何达成，自然有很多方法可以实践。

如果只是将焦点停留在问题上，甚至自己又创造了更多问题，比如认定“不透过 A，就一定不能完成 B”，用更多限定性条件来框住自己，怎么可能想出方法呢?

“限定性条件”指的是很单向式的思维，其实在好与不好之间，有很多排列组合的可能性。以前我的思维也特别局限，总认为“只要选 A，就不能有 B”，因为鱼与熊掌之间的可能性太少，但是现在在我的世界里就没有什么绝对了。

我有我的观点，但是我保留所有可能性，没有“非如此不可”的想法。

以 Issa 的例子来说，她焦灼在“找”或“不找”合伙人。事实上，找合伙人是一个方式，但是不找，也会是一个方式，她一直认为只有一种解决方式，当我问她“有没有可能不找合伙人”，她就愣住了，她从来没想过别的可能性。无论用哪种方法总会遇到困难，也都可能有转机，但是，我们要先承认“不找合伙人”其实也是一个方式。

“只能……”就是一种单向性的想法，打碎这想法，会发现解决问题的方法有很多，每一种方法也可以视情况再调整，比如“第一年找合伙人，第二年分手”，这是一个可能性；“第一年独资，第二年再找合伙人”，这又是一个可能性。

当想法不再执着于二元性，就能多出很多选择，面对一种情势，可以站在很多角度想方设法，每一步走下去了，都还有很多可能。当思绪能够跳出局限性的框架，我们才能明白，方法，不只是一个选择。

条条大路通罗马，方法不是绝对

太多人想问题是舍本求末，黏附在方法上，或者黏附在情绪或权力斗争上，比如争辩你对还是我对，当我发现自己和别人正在争这种是非，我就会直接说“好，你对！”这时候对方就会自己停下来了，因为他也会认为没意思。

我认为不该把注意力放在二元对立上，问题卡在这里的时候，是无法想出办法的，聚焦在我们要的成果上，事情才有可能解决。

不只是创业，面对人生，看待万事万物，也是如此，不要用任何既定的想法来画地自限。有人说我“竟然能同时照看三间餐厅，真是不容易”，以前我也觉得自己“能够搞定一间餐厅就不错了”！可是现在再开两到三间餐厅，我也认为自己可以！

“可以”的意思是说我头脑里没有“一个人只能做好一件事”的想法。从前很长一段时间，我心里的一个信念就是“一个人只能做好一件事”，所以老是自责，每当换工作的时候总是觉得自己“怎么这么没有定性！”那是我对自己很大的批判，其实我做事很专注，只是没有“终生只做一件事”。

然而，做事不专注又怎样呢？以前我对自己严厉，对别人也严厉，我会批判别人：“你怎么做事不专注呢，一边做事一边还想吃冰淇淋？”但是我现在会觉得：“哇，他好有趣，正在写东西的时候，突然就说‘我要吃冰淇淋’，这人真有意思。”同样一件事、一个人，换了角度，评价就不同了。当我想通了这一点，别人再拿特定的价值观或想法质疑我的时候，我就会反问：

“谁规定一个人只能开一间餐厅？”

“谁规定我只能或者不能跟人合伙？”

是啊，这世上多的是自己限定自己，根本没有人规定你要怎么生活，怎么做事，每当我一反问，对方就会瞬间跳出这个预设框架。

当“自我”消失，世界无限宽广

以开餐厅来说，中国有很多有名的餐厅，比如“鼎泰丰”或是“海底捞”，人家有本事做到每间店提供的菜品都一样，我觉得很棒，可是我不需要和他们一样，我做我自己。国际餐饮品牌可以在全世界开上千间分店，我佩服他们的本事，但是我没有这个想法，我更倾向于开很多不同类型的餐厅，我胜在多元、小而美、自由度高。

我不只是可以展现不同的开店思维，我也可以明年把所有事业都卖掉，谁说我一定要持久只做好一家店呢？我的人生有 N 种可能性，一切都可能发生。

当我心里有“我应该……”的想法，而我没有做到的时候，我一定会对自己有很大的批判，会觉得这世界总是处处设限。然而当“我”消失的时候，其实这个世界也开始允许我的存在了。以前我批判自己不从一而终，但是现在我知道了，我的这种“不从一而终”在某种程度上叫创造，叫多元性，叫丰富，也叫跨界。

当我接受所有可能，接受多元性的时候，我发现这个世界其实对我很宽容。

Chapter 4.

/懂得同中求异，才能提升自己

不论规模大小，一旦创了业，我认为“品牌精神”都是值得反复思索、检讨的一件事。该坚持什么、改变什么，不但决定了一个品牌能否成功，也影响了它究竟能成功多久。

有人曾问我："同样是'喜悦泰'，为什么一号店与二号店的菜单有些不一样？菜品似乎不一致？"

我说，这是打破常规的做法，但也是一个自然的道理。就像前面一节我们谈到，局限性往往是存在于人的"头脑"里的，而不是事实如此，世间没有什么一成不变的东西，比如国际知名的快餐店"麦当劳""肯德基"在世界各地都卖一模一样的汉堡、炸鸡吗？或是尝起来都是同一种味道？他们不是也加入了当地特色吗？

不一样，是必然

同样一个品牌，很多人以为每间分店的设定必须要一模一样，但怎么可能一样？

当房子、地点、主要客群等客观因素都不一样，就像"喜悦泰"，就算我们一开始在设定上想完全一样，但最终两家店的发展绝对不可能像一个模子印出来那样毫无区别。

从室内装潢来说，两家店是同一个来自美国的设计师 Phil（邓斐）设计的，他在设计二号店的室内装潢时，视野和经验已经不同了，他既然已经进步了，自然不会想要重复自己。如果要重复，我们也就不用请他了，找个技术人员直接复制第一间店的所有陈设就行了。

别说是二号店，光是第一间店的内部陈列，过了一阵子就会汰旧换新，好比在一号店开张时，椅子上的牛皮是我们当时所找到最好的皮，店开了一阵子后，Phil 就提议：“Amy，店里的整体颜色太重了，我们可以用另一种颜色的皮，要不要换一下？”他拿来的新皮革比旧的贵几倍，但是质感好了许多，是可以用来做成衣服的皮。

当他已经找到更好、更适合的东西，我们当老板的能因为想要追求“一样”，所以就永远不换吗？其实“一样”就是一种“不进则退”。

谁也不愿意重复自己，大家都想要创造、创新，对我来说那代表设计师进步了，相同的，厨师长也是每隔一阵子就会研发出新菜。

除了经典菜品以及厨师本身会研发的新菜，两间店也都必须随着客人的喜好，适时调整菜单内容。

与时俱进，是经营常法

但是两间分店的厨师团队毕竟不相同，即便是相同菜色，即便是来自同一个厨师长的调教，每个厨师还是会料理出不同的滋味，哪怕只是细微的差异。即使同一个厨师，他每天做饭的“劲”也不一样。其实这个世界就不存在“绝对的一致”这回事，有个特别支持我们的老客人，他家靠近“喜悦泰”一号店，但是工作地点在二号店附近，他就曾经告诉过我：“更喜欢一号店，口味更清淡一些，但整体来说都好。”像这样熟悉两间店口味的客人很少，他的回馈显得特别重要，可以成为我们了解两边客人喜好、厨师习惯的参考。但说实在的，相同菜品口味上的区别其实并不大。

“喜悦泰”的两间店位在完全不同的区域，开二号店的时候，我们面对的是全新市场。二号店在开店四个月后一切步入正轨，菜品有了点中率排行榜，大众点评也累积了许多评价，就是验收的时刻到了。

很多客人看了大众点评的好评价，很放心地来到二号店，他们有些人并不知道一号店的存在，在没有比较心的前提下，他们对二号店的肯定，等于证明了我们团队开店前所做的设定是对的。虽然开店前的设定大致成功，日后还是得随时调整。一号店虽然是我们的基地，但是两间店仍旧会互相学习，好比为了开二号店，厨师长研发了一些新菜放在二号店卖，所以两间分店的菜单与菜品点中率有些许差异，名次排后面的菜直接下架，如果有特别受欢迎的新菜，就要拿到一号店里试试。

新菜放到一号店里，我们不会贸然直接上架，而是先免费提供给一些老客人试尝，当然有人会称赞好吃，也有人会直接说："这道菜我不喜欢"，听听老客人的意见，我们可以大致了解这种口味对一号店的客人来说是否合适，这就是一个不断练习，相互递进的过程。

有意义的改变，才能茁壮自己

不只是菜品，人员训练也如此。二号店的服务团队，都在一号店接受训练，也许未来我们会再开三号店，三号店如果开在一个比较传统的区域，一号店的人暂时不会变动；但要是三号店开在一个时髦的地方，我就会把一号店的团队轮调到三号店试试，用更多挑战和刺激，来激发他们进步。

两间店有这么多的不同，这些不同又促使两间店的团队彼此学习，"不同"的本质也不断演化。当然，同样是"喜悦泰"，核心标准是一致的，比如人员素质、菜品品质、禁用各类防腐剂或人工调味品，等等。

“喜悦泰”最核心的东西更不能变，比如经营上的坚持，像是食材质量、服务客人的水平，等等，比如企业文化，餐厅必须从各方面展显出创造性、新鲜、温暖、舒服等这些质感。我认为不论日后“喜悦泰”里面卖的是哪种菜式，如果客人每次到这儿来都能感受到这些质感，那就是“喜悦泰”了。

一个品牌的分支，有相同也有不同，这就像做人，固然要坚守原则，但也要与时俱进的学习、适应。如何运用这些“不一样”来帮助自己进化，茁壮自己，我认为这是决定你成功与否的极大关键！

Chapter 5.

/ 用盲目的爱，把青春炼成金

人生的每个阶段都有其课题，接受了这个看法，人生可以活得很简单，从容地在每个时节里历练该历练的一切。但最难的是，人往往看不清自己当下的阶段，还弱小时急着独立，该独立时，不明白独立的责任。

进入社会工作了几年后，许多人都明确感觉到人生存在着某种分水岭，《论语》就曾经说过“三十而立”，30 岁只是个粗略的说法，重点是 30 岁前后，是标志着一个人真正成熟独立的分水岭，过了这道槛，我们才得以建造自己的世界。

30 之前爱做，30 之后做爱

初入江湖的时候，就算你天赋异禀，还是得遵守游戏规则，也就是说，在名利场里面，当你还不是规则的制定者时，就只能做一件事：“热爱你所做的事情！”

好比学工业设计的人，在初入手机产业时，也是从最基层开始。但是如果我们有朝一日成为雷军，做出“小米”的时候，这时候才能说：“我有权力写自己的规则”，这时候才能去做自己爱的事儿。

30 岁之前爱做，30 岁之后做爱，这是一个心态法则！

大学毕业的时候，应当先去看自己爱做什么，比如说爱写字、爱电脑，或是爱跟人打交道，等等，当我们知道自己爱什么的时候，就去选一个相关领域，也许不喜欢其中的规则，但是事情本身还是挺爱做的。假设我爱烹饪，那就去做个厨师；或是我爱绘画，一时当不了画家，但起码先到画廊上班，等等，也许这些经验会让我很辛苦，但有哪一份工作不辛苦?

辛苦归辛苦，但是在工作中起码有自己喜爱的成分，再多的辛苦也甘愿包容。在游戏规则不是由我们定的时候，起码我们心里有份清明在，还知道自己是谁，在初阶的阶段，我们不是目空一切，但是同时也特别清醒的知道，自己喜欢什么，人生的方向盘还是握在我们自己手里。

有些人明明个性特别内向羞涩，但是爸妈觉得销售或市场部门似乎比较好，总之貌似赚钱赚得比较多，于是他们就去了，于是做起事来就很容易苦恼或是总在怨天尤人。也有些人天性就是喜欢与人打交道，可是妈妈说银行工作好、很稳定，于是他们就让自己天天坐在银行柜台后面，对这种性格的人来说，特别痛苦。

其实我们可以改变这种宿命，好好为自己争取一份爱做的事，用成熟的态度向父母沟通：

“爸爸妈妈，我真的好爱做这个事儿。”

“我喜欢探险，我很想要当导游，去跟人在一起，哪怕是辛苦，我都愿意走遍世界。”

“我现在没有能力走遍世界，那我当个空姐吧，虽然很辛苦，但是起码和我喜欢的事情有点连结，而不是天天做风马牛不相及的事情！”

用最成熟、愿意为自己负责的态度去争取一份想要的工作，只要拿出这种态度，我认为这世上不会有人拦着我们。

积攒开启人生的万能钥匙

得到自己想要的工作之后，还要给自己期许：

“我做的这些事情是我特爱做的，所以我要做得很好。”

“我要做到我自己的最好！”

30 岁之前的工作目标，我认为是“要为自己的成功喝彩！”，要能感觉到“我的能力真好！”在许多基础能力的养成期间，特别容易发掘自己优秀的地方。

30 岁之前是职场初阶能力的养成期，许多的能力都能透过努力来养成，比如沟通能力、表达能力、文件处理能力、语言能力、逻辑思维能力，全局思维能力，等等，30 岁之前，将这些能力提升到一定的水平，靠近 30 岁的当口，就能感觉到一种奇异的成熟感，例如：“突然发现自己非常游刃有余！”“觉得很自在，我没有被社会改造得面目全非！”

一开始觉得自己非常渺小，但是随着时间飞逝，惊觉自己竟也能在江河里游泳了，虽然水还是那么深，但是毕竟活下来了。

以我来说，我很喜欢当老师，但是过去有些客观与主观的原因导致我无法继续当老师，我尝试做别的工作，但是我一样地发奋努力，在每个职务里发挥当老师时的敬业精神。就在这些过程里面，我具备越来越多的能力。

当我离开一个环境，身上就带走一些钥匙，这些钥匙总让我能够顺利地开启下一份工作的大门。所以 30 岁可能是一个小小的槛，如果你在这之前顺风顺水地活下来，拿走了一大堆钥匙，相对来说，你已经成为了一个可以独立存活的个体。

独立的意思，就是你可以制定一些规则，你可以主动地去做你想要的事情，比如以前老板说：“你今年得拿到1000万业绩”，你没法讨价还价；但现在你会主动说，“我们要拿到1500万没问题！”这是你主动说的，而不是老板说的，因为，你知道这些事情是你努力就能做到的事情。

30岁之后要尽量成为一个能实现自我的人。

不过，在30岁的之前与之后，还是有个“二八法则”。即使你之前只是规则的遵守者，还是能够在有限的情况下发挥主导性，例如老板教你如何争取业绩，人家教你八成，你还是有两成自我创造的空间；当你成为一个规则的制订者，你有八成的空间来主导事情的发展，但是依旧有两成是你不得不去遵守的一些制约，或是一些你身为“大人”必须要承担的责任。

看不见的管理，细节藏在系统里

很多人都以为当了老板之后，就能“为所欲为”，其实不是这样的，身为老板，相对来说还是有一些牵绊和制约。

以我来说，貌似不怎么管理，我不会天天到餐厅巡视，但实际上我的管理很严格，我时时监控着整个营运的系统，就像一个飞行员，他的机舱里面有很多精密的仪表，他看起来好似什么都不用处理，交给仪器自动飞行，但其实他随时都在监控着仪表，天上和地面还有不知多少人帮助他掌管整个飞行系统。

如果没有前期的基础能力养成，如果我没有做过那么多具体的事情，没有做好一个岗位基本要做的事情，那我如今要怎么样去管理呢？要怎么为餐厅的整体营运制定一个系统？

当你能扮演好一个团队、一间公司的螺丝钉角色，也就代表你有能力发挥一个岗位该有的功能，然后你才有可能做好整体。但是如果一件事情、一个岗位都做不好的话，我不相信你能做成什么大事情。同理，如果连自己都管不好，我不相信你能管好一个团队。

江湖就是如此，你是一个小鱼儿的时候，只能在一个小坑里，看起来很受限，但其实也自在，别在还弱小的时候就硬要到大江大河里，那通常是提早受挫。但是小鱼儿要经过一年还是十年可以长成大鱼，这就是个人的天分了，也许你可以很快变成大鱼，然而“从小到大”的过程，没有人能省略。

我可以问心无愧地说，过去我身在职场时，每个岗位我都尽我所能做到最好，因为我非常盲目地爱我所做的每一件事，我用尽了热情、敬业与爱来做每一件事，当然那个时候还不懂得即刻将所学融会贯通，没少花费力气，有的时候真的是身心俱疲。但是那个阶段如果不累就很奇怪了，因为在漫长的学习期间，还要思考如何才能不断提升自己，这当然是很累的，那是一个长期的、不间断的，雕琢自己的过程。

过去我在岗位上也会遇到一些问题，就在那些解决危机的过程中，我慢慢梳理出我的某种个人风格。做过了这么多事情，我现在才能有“好似信手拈来般”的睿智，总能轻松做好管理，但这其实并不是真正的信手拈来，背后有我许多的经验教训。

我不是“当了老板才开始学习如何当老板”，我也不是今天才学管理，如果没有不间断的学习，就无法形成解决问题的思路。所以，不要错过和敷衍每一个来到眼前的经验与挑战，努力与慧眼一定能帮助你在这些庶务里披沙拣金，带走只属于你的珍宝！

Chapter 6.

/ 定义你的回报率，扩大你的丰盛

我们不可能不抱期待地做一件事，但是期待的分寸不好拿捏，期待过多，会带来压力；期待太少，会使我们轻易放弃。到底该怎么期待，才能恰如其分？什么样的报偿，可以让人放心追求？

不论是在商业世界，或是人生里，大家都在追求“回报率”，付出之前，很难不想“回报”，这是人之常情，我又是怎么想这回事呢?

首先，就像我妈妈说过，“如果你需要人家说感谢，这事儿就别做了。”她非常睿智，别人毕竟不是我们肚子里的蛔虫，怎么知道我们想要什么形式的回报和感谢，难不成还向别人讨?

我不需要别人的感谢，也不需要向别人讨回报与恩情，对于付出，我要的“Return”（回报）毋宁更像是一种“愿景”。

收获最多的，从来不是金钱，OK？

对我来说，做一件事产生的Return和Result（结果），这两个R是一样的，比如我经营事业，我想要的R是:

第一，我与所有人的收入都是丰盛的。只有我自己收入丰盛，这不算是真正的成功，我要让大家都丰盛。

第二，是Relationship（关系），我要我的关系是丰盛的。我和我的团队有这么紧密的连结，他们这么信任我，这么爱我，看着他们成长，我真的觉得好开心！我认为这是巨大的收获，比我得到多少钱还大的收获!

第三，是意义。我做的这件事，对社会来说有什么价值？比如当客人来到我的餐厅，挑了好吃的食物，享受着餐厅的环境和服务，他会觉得："哇，我可以暂时忘记令我烦恼的事，享受一下美好。"我希望我的餐厅不只是能给客人这种感觉，如果我们还能把这些用心变成一种理论、概念，分享给更多人，这简直是无以复加的荣誉，我认为这是最大的赚!

把具体的收获凝聚成一套思维，化为一堂课，甭说收学费了，假设我真能因此帮助 100 个人达成他们的成功，帮助 100 个人在人生路上有更多思考空间，这是巨大的成功!

"创业"是一件极度浪漫又极度现实的事。在离开职场，尝试创业的初期，也是我开始学习心理学、身心灵课程的时候，在课堂与现实生活里，我扎扎实实地学习到什么是连结、什么是信任，在投入餐厅营运的过程里，我还学会计算成本、管理成本、管理各个项目，等等。

创业本身就是极大的学习，教会我如何贯注理性与感性来实现梦想，我和这整个过程是在一起的，我的生命因此开阔了很多，丰富了很多，同时我也越来越深沉，明确地感知到在这个世界，我能掌握的东西越来越多了。

此外，创业还让我还得到一个更大的财富，就是认可。不管是自我的接纳也好，还是社会的接纳也好，我常常听见“哇，Amy 好有能力啊。”这样的赞叹，而我也每天练习“自我欣赏”，这也是“自我接纳”的一种练习。这世上不是每个人都有机会能够学会自我欣赏，不是每个人都能真诚地对自己说：“你还不错，你真有毅力，真的坚持下来了！”“你真的尽了全力。”

当我用这种角度来看待回报与收益，我觉得我真是太赚了！

用人生的深度来衡量，用学习的态度来看待，创业真的是一场无价的经验。在这个过程里面，我像是分离出另一个我，一路走来，始终以观察者的姿态陪着我度过所有时光，成功的时候为我喝彩，失败的时候还能鼓励我：“教训也是种 Return，也是种学习！”

成功与失败可能同时发生，并且在成功与失败之间还有很多可能，别人认为是成功的事，也许在我看来是警讯。到了今天，我才清楚“塞翁失马”的辩证法，当我自认成功的时候，可能别人不以为然。所以创业的过程，“惑”是创业的价值，对我而言，那不是一种简单的线性发展，不是“一加一就会等于二”这么单纯的事。

“我投了200万，两年内可以赚回来，之后每年再赚100万”，只用金钱收益来衡量创业的价值，这听起来很枯燥，也小看了创业这件事。但是，金钱收益是一个基本条件，如果连这个基本条件都无法满足，那么其他的收获也都是空的。

赚不到钱，灵性只是白搭

我常说：“当你把事情做好，赚到钱是一个自然的结果。但如果这样还赚不到钱，那就别做了。”

大家总觉得灵性在天上，物质在地上，但是我不这么看。如果有一些灵性的追求，但是同时把物质的东西做好，还能为自己带来一些成长的话，我觉得这是特别美好的一件事，这是用灵性提升物质世界的意义，同时让物质来滋养灵性的坚定与强健。人生下来就有一具肉体，我们就是透过身体与物质存在于这个世界，如果物质面都不能丰盛，手边的事都做不好，还谈什么灵性呢?

好多人走向两个极端，只追求灵性或只追求物质，这都是一种失衡。在这个物质的世界，物质是必须被显化的，必须先达到成功的，比如你立志要做一道全世界最厉害的菜，但是做不出来，这就是白搭；你立志要开一间有凝聚力的餐厅，但是做不出美味的菜，这也是白搭。

如果我没有投入创业，没有经历过教训，没有真的开这些餐厅，如今这些深刻的领悟与体会都不会发生。

但是实践的时候，我们不能只是单一的做，“成长”不是白吃的午餐，实践物质面的同时，也要关注心灵，关注自己与其他人的成长，创业或者说是“圆梦”，实际上是一个不断反思自己的旅程。

我的这趟旅程，至今还没完结。即便已经可以总结一些感想，分享出去；即便很多人都认为我的事业和关系都很成功，我觉得这还不够，我心里还有新的追求。

几年之前，我觉得如果自己能做到精神与物质双重的富足，“我已经是一朵奇葩了吧”。但是当我已经做到了之后，我却开始思索，还有什么可以让生命绽放更多精彩呢？这个渺小的我，还可不可以更大一点？

我想追求一个更高的东西，让我已经不再是“我”而已，而是一个更大的群体，我希望“我们”能一起幸福。

从“我”到“我们”，新的人生旅程

对我个人生活和工作，我几乎没有什么困惑，我现在思索和困惑的，是“我们”的困惑。比如每间店的营运状态都上轨道了，但是“我们”的人员在目前客观的局限条件下，还能得到更多的发展与进步吗？“我们”可以做些什么，来让我们的生命一起达到圆满？

我现在要学习的功课是“我们”，我这辈子可能没有机会像一些哲人一样思考，他们思索的是“我的世界”如何；也无法像是一个动见观瞻的大商人，像是比尔·盖茨、沃伦·巴菲特，他们影响了整个世界的运作；或是像乔布斯一样，他几乎创造了一个全新的世界。

我的能力离达到这些程度还很遥远，但最起码我看到自己从“我”进步到“我们”，这是一个生命的进化。

从小我一个人孤独地长大，哥哥姐姐大我许多，村子里没有跟我年龄相仿的孩子，直到现在，自己一个人站在一片很大的田地里的画面，在我的记忆里还非常鲜明，偌大的一个世界，就我一个人。

“自我存在感”的生成必须仰赖身边的参照物，因此我小时候几乎是处于一个没有“我”的状态，因为身边没有一起玩的玩伴或兄弟姐妹，所以我特别的与世无争。长大之后，出去工作了，我开始有自我意识了，这就是我妈说的“你眼睛睁开了，人却变傻了。”从进入社会到 40 岁之前，我在自我意识里打滚，我努力发展自我、拓展自我，也在种种“比较心”里受苦。

到了现在，我已年过四十，很自然地放下比较，我发现“我”又不在这儿了，我变成“我们”，是“我们”在困惑与欢喜，而不只是“我”了。

人生四十而不惑，我觉得这个不惑是“知道自己是谁了”，知道自己能做什么与不能做什么。40 岁过后，真的特别从容淡定，假如我还有激动，还有烦恼，也不是为我自己了，我现在考虑任何事情，都是首先想“我们”。

40 岁之前，“我”特别狭窄；40 岁之后，“我”里面包含很多东西了，我的爱人、我的事业、我的团队、我的社区，等等，他们走进了“我”，让我变得谦卑，也把我的心变得广阔，这就是生命成长进化的过程。

这是一个生命新的篇章，也许“我”还有激动，还有烦恼与困惑，当生命又出现了困惑，就说明我又开始思考了，正踏上了新的旅程。

后　记

珍惜一切的起点 /

愿我们终有一天在幸福又成功的路上相会。

秋天的午后，北京已经有些许凉意。

演讲刚结束，一位学员走过来说："Amy，我觉得你分享的内容特别棒，请问你有出书吗？"

由于"苏苏会"和"喜悦泰"两家餐厅的成功，让我经常被问到一些类似的问题。大家无不好奇，我是如何让餐厅一开张就引起注意，并且持续让生意兴隆？我又是如何领导员工，让客人一走进餐厅，立刻感到自己可以融入到环境之中，并且服务员都是那么亲切、自然？我在创业过程中有没有遇到困难？如何解决？我又是如何平衡家庭与事业？

起初，我并不觉得自己的经验真的可以写成书，后来发现，越来越多人对我创业的经过感兴趣，越来越多人希望我能快点儿出书。

于是，我决定完成写书这件事：为了我认识的朋友，也为了我不认识的朋友。

在写书的过程中，我想起了一件往事。

记得在2007年一月，印度的一位灵性静心老师Sargar（萨迦）看到我时说："Amy，你一定要教灵性成长的人如何赚钱。"

我当时吓坏了，并回答："我是谁呀！我还不知道怎么赚钱呢！"

我把这个建议当成了一个笑话。随后天南地北地四处参加灵性与身心灵的成长课程，花了不少的学费，及很多交通与住宿的费用，但我觉得日子很宽裕，因为，我那时开了个小小的酒吧，同时是个小泰国餐厅的大股东。这两个"小买卖"提供给我足够的资金去上课。

2009年，我开始学习教练课程，一切内容是关于落地和承诺的，我那时候郑重地承诺了在我生命消失前，我想完成的12件事。

这之后，因为对餐饮业的行业规律一无所知，所以我并不知道做这一行需要起早贪黑，需要核查成本，需要监督，需要营销，等等。而我完全是"甩手掌柜"，潇洒地沉迷在我的学习中。

后来由于种种原因，我失去了小小酒吧与那个小餐厅经营权，说一点不难过是骗人的，但是我真心认为，他们的使命在我这段生命过程中已经结束了，而我要向前了。

2010年至今，我和我优秀的团队已经创建了"苏苏会"越南菜和"喜悦泰"两家餐厅，也开了"彩虹书吧"，还有我4D领导力学院的培训与教练事业。我可以去做我最敬爱的萨提亚大师贝曼博士的翻译，我还可以去印度静心一个月，我还完成了一本书，我要到纽约哥伦比亚大学深造，等等——这一切都是我在 2009 年所写下的那些梦想的一部分，它们在这个物质世界中用这些形式显化了。虽然我依然是个“甩手掌柜”，而这一次唯一不同的是，我知道如何用我的所学所悟去组建团队，赋能团队，积极寻找并调动一切有效资源，而最重要的是建立一个有效的管理系统。我人虽不在，但心在，神在。

每一天，我都在不断地成长与进步，全身心地体验着生命中每一个发生。“餐厅”成为我最美好的道场，我可以尽我所能观察到自己在这个有形而微观的世界中的每一个起心动念，以及随之创造的生命结果。我愿意做那个“抛砖引玉”的信使，将一些实践后我认为有效的信息传递给每一个有才华、有追求的有缘之人。祝福他们用智慧创造美好的生命结果。

我终于可以用我擅长做的也小有成果的“餐厅事”来完成我的许愿，帮助想创业的人。

2015 年 1 月，我去印度，想去告慰一下 Sargar, 那个曾经指引我教灵性追求的人们如何赚钱的老师。此前听说她已经身患绝症，我和朋友到了她曾经居住的地方，可我的朋友遗憾地告诉我 Sargar 已经不在了。我在心里默默地对她说：“Sargar，我真的在做了！”

在提笔写这篇后记时，我才刚在合伙人还没营业的餐厅里，开了两天的课程，课程内容是关于如何“轻轻松松开个店，并且实现内心自由与财务自由的‘心’的管理方式。”

这个课程，与您手上的这本书有相同之处，也有不同的地方。

相同的地方是，两者皆谈创业，以“开家赚钱的餐厅”为主线，给大家讲讲背后的这些看不见的道理。不同的地方在于，这本书提到女性创业中最大的关键：平衡。而课程则是以彰显心的力量为主。

如果有机会，我许愿再写一本与心的力量创业相关的书。

愿我们终有一天在幸福又成功的路上相会。

请沿虚线剪下装订寄回，谢谢！

《活过来，你可以》读者调查

感谢您参加本次读者调查活动，传真或邮寄此页（附购书小票）回编辑部，即可获得神秘礼品一份（数量有限，赠完为止）。参加此次活动者还将通过邮件不定期收到时尚生活编辑部最新出版信息，敬请期待！

Step1您的基本资料

姓名：________________ 性别：□女 □男

年龄：□20岁及以下 □20–30岁 □30–40岁 □40–50岁 □50–60岁

电话：________________ E–mail：____________________________

学历：□高中（含以下） □大学 □研究生（含以上）

职业：□学生 □教师 □公司职员 □机关 □事业单位 □媒体 □自由职业

Step2您对本书的评价

您从哪里得知本书的信息：

□书店 □报纸 □杂志 □电视 □网络 □亲友介绍 □工作坊 □瑜伽馆 □其他

读完这本书您觉得：

内容：□很吸引人 □还好 □枯燥（请说明原因）________ □您的建议________

封面设计：□够酷 □还好 □没注意 □不好（请说明原因）________________

□您的建议____

价格：□偏低 □合适 □能接受 □偏高 □您的建议________________

Step3您的建议

您喜欢哪种类型的书籍：

□经管 □心理 □励志 □社会人文 □传记 □艺术 □文学 □保健 □漫画

□自然科学 其他________________________________（请补充）

您不喜欢哪种类型的书籍：

□经管 □心理 □励志 □社会人文 □传记 □艺术 □文学 □保健 □漫画

□自然科学 其他________________________________（请补充）

您给编辑的建议：____

____

地址：北京市东城区东四12条21号 中国青年出版社时尚生活编辑部

邮编：100708 传真：010-57350335